教育部产学合作协同育人项目

高等学校计算机课程规划教材

U0340797

面向对象程序设计

杨巨成 于 洋 主编
孙 迪 于秀丽 侯 琳 李建荣 副主编

清华大学出版社
北 京

内 容 简 介

本书共 10 章,分别介绍面向对象、类、Visual Studio 2015 环境,以及面向对象程序的结构、函数、数组、指针、继承、派生、多态性、流类库、输入输出和异常处理。

C++ 面向对象程序设计涵盖面向过程的 C 语言,是学习 C 类语言的基础,学好 C++ 面向对象程序设计可为今后用 C♯ 开发智能软硬件系统以及用 Objective-C 在 iOS 和 MAC OS 系统中进行移动端程序设计打好坚实的基础。

本书是高级语言程序设计的入门教程,完全适合零起点的学生,可作为计算机类相关课程的基础课教材,也可作为面向对象程序设计爱好者的参考书。为方便读者学习,本书提供作者自主开发的电子课件和视频。

本书封面贴有清华大学出版社防伪标签,无标签者不得销售。

版权所有,侵权必究。侵权举报电话:010-62782989　13701121933

图书在版编目(CIP)数据

面向对象程序设计/杨巨成,于洋主编.—北京:清华大学出版社,2018(2020.8 重印)
(高等学校计算机课程规划教材)
ISBN 978-7-302-48931-3

Ⅰ.①面…　Ⅱ.①杨…②于…　Ⅲ.①面向对象语言-程序设计-高等学校-教材　Ⅳ.①TP312

中国版本图书馆 CIP 数据核字(2017)第 287287 号

责任编辑:汪汉友
封面设计:傅瑞学
责任校对:李建庄
责任印制:刘海龙

出版发行:清华大学出版社
　　网　　　址:http://www.tup.com.cn,http://www.wqbook.com
　　地　　　址:北京清华大学学研大厦 A 座　　　　　　邮　　编:100084
　　社 总 机:010-62770175　　　　　　　　　　　　　邮　　购:010-62786544
　　投稿与读者服务:010-62776969,c-service@tup.tsinghua.edu.cn
　　质量反馈:010-62772015,zhiliang@tup.tsinghua.edu.cn
　　课件下载:http://www.tup.com.cn,010-83470236
印 装 者:北京鑫海金澳胶印有限公司
经　　销:全国新华书店
开　　本:185mm×260mm　　　　印　　张:16.25　　　字　　数:395 千字
版　　次:2018 年 2 月第 1 版　　　　　　　　　　　　印　　次:2020 年 8 月第 3 次印刷
定　　价:39.00 元

产品编号:077890-01

出版说明

信息时代早已显现其诱人魅力,当前几乎每个人随身都携有多个媒体、信息和通信设备,享受其带来的快乐和便宜。

我国高等教育早已进入大众化教育时代,而且计算机技术发展很快,知识更新速度也在快速增长,社会对计算机专业学生的专业能力要求也在不断翻新,这就使得我国目前的计算机教育面临严峻挑战。我们必须更新教育观念——弱化知识培养目的,强化对学生兴趣的培养,加强培养学生理论学习、快速学习的能力,强调培养学生的实践能力、动手能力、研究能力和创新能力。

教育观念的更新,必然伴随教材的更新。一流的计算机人才需要一流的名师指导,而一流的名师需要精品教材的辅助,而精品教材也将有助于催生更多一流名师。名师们在长期的一线教学改革实践中,总结出了一整套面向学生的独特的教法、经验、教学内容等。本套丛书的目的就是推广他们的经验,并促使广大教育工作者更新教育观念。

在教育部相关教学指导委员会专家的帮助和指导下,在各大学计算机院系领导的协助下,清华大学出版社规划并出版了本系列教材,以满足计算机课程群建设和课程教学的需要,并将各重点大学的优势专业学科的教育优势充分发挥出来。

本系列教材行文注重趣味性,立足课程改革和教材创新,广纳全国高校计算机优秀一线专业名师参与,从中精选出佳作予以出版。

本系列教材具有以下特点。

1. 有的放矢

针对计算机专业学生并站在计算机类课程建设、技术市场需求、创新人才培养的高度,规划相关课程群内各门课程的教学关系,以达到教学内容互相衔接、补充、相互贯穿和相互促进的目的。各门课程功能定位明确,并去掉课程中相互重复的部分,使学生既能够掌握这些课程的实质部分,又能节约一些课时,为开设社会需求的新技术课程准备条件。

2. 内容趣味性强

按照教学需求组织教学材料,注重教学内容的趣味性,在培养学习观念、学习兴趣的同时,注重创新教育,加强“创新思维”“创新能力”的培养和训练;强调实践,案例选题注重实际和兴趣度,大部分课程各模块的内容分为基本、加深和拓宽内容3个层次。

3. 名师精品多

广罗名师参与,对于名师精品,予以重点扶持,教辅、教参、教案、PPT、实验大纲和实验指导等配套齐全,资源丰富。同一门课程,不同名师分出多个版本,方便选用。

4. 一线教师亲力

专家咨询指导,一线教师亲力;内容组织以教学需求为线索;注重理论知识学习,注重学习能力培养，强调案例分析，注重工程技术能力锻炼。

经济要发展，国力要增强，教育必须先行。教育要靠教师和教材，因此建立一支高水平的教材编写队伍是社会发展的关键，特希望有志于教材建设的教师能够加入到本团队。通过本系列教材的辐射，培养一批热心为读者奉献的编写教师团队。

清华大学出版社

前　言

C++ 在 2017 年的编程语言排行榜中，仍然排在第三的位置，是世界上最稳定，使用范围最广的计算机编程语言。这是 C++ 相对于其他语言的优势所在。

针对普通高等学校计算机类专业"面向对象程序设计"课程教学的实际情况，以培养应用型人才为主要目标，结合多年的一线教学经验积累，我们特别编写了本教材。本教材可供 64 学时以上的"面向对象程序设计(C++)"专业基础课程和"面向对象课程设计"等实验实践类课程使用，是自主学习和课堂教学的必备的资料。

本套教材的内容具有以下特点：

(1) 从最基础的底层知识开始讲解，适合初次学习面向对象编程语言的高等学校学生学习。

(2) 本书内容翔实，基本覆盖了 C++ 程序语言的各个知识点，为初学者以后的深入学习奠定了坚实的基础。

(3) 本书从基本概念、基本理论、基本应用出发，结合实际，对每一个程序都进行了调试、编译和运行，保证了程序的正确性、可读性和良好的可移植性。

(4) 本书语言通俗易懂，使枯燥的理论学习更加易于接受。

(5) C++ 面向对象程序设计涵盖面向过程的 C 语言，以 C 语言为基础，为今后使用 C♯ 开发智能软硬件系统以及使用 Objective-C 在 iOS 和 MAC OS 系统中进行移动端程序设计打好坚实的基础。

为了便于读者学习，本书的编排形式如下。

(1) 知识点。在每节的开始位置都会有准确、清晰的知识点介绍，让读者在第一时间了解相关概念，便于后面的学习。

(2) 示例。在每节知识点之后都会列举完整的示例，并以章节顺序编号，便于检索和案例的衔接。示例代码与示例编号一一对应，层次清楚、语言简洁、注释丰富，体现了代码优美的原则，有利于读者养成良好的代码编写习惯。对于大段程序，均在每行代码前设定编号便于学习，并加以详尽的规范的注释。每段程序和例题均给出运行结果，帮助读者更直观地理解实例。

(3) 习题。每章最后都会提供专门的测试习题，供读者检验所学知识是否牢固掌握。

随着高校计算机基础教育的发展，本教材也将不断更新、调整，希望各位专家、教师和读者不断提出宝贵的意见和建议，我们将根据大家的意见不断改进内容，更新编程环境的版本。

作为"面向对象程序设计"的国家级双语示范精品课程主讲教师，本书的主编杨巨成教授在编写的同时还给予其他年轻教师大力帮助，提供了大量的有价值的第一手材料，他对教材严格把关，给出了很多中肯的意见和建议。参与本教材编写的教师有于洋、孙迪、于秀丽、侯琳、李建荣、梁琨、蔡润身和张翼英老师。在教材编写过程中，参与程序测试的学生团队成员包括陈晗顿、任哲、程宇辉、王凯、周柯奇、谭进、季晓瞳、康钰莹和陈序。这些具有丰富竞赛经验的在校本科生从读者的角度，对教材的易用性等方面进行了科学、客观的测试，本书每一段程序都由他们调试通过、整理，为教材的编写出版做出了巨大的贡献。本教材以实用为出发点，力求为我国高校计算机基础教育的教材建设和人才培养做出贡献。

为了便于学习，本书可以配有自主开发的电子课件、视频教程，以及基于 Visual Studio 2015 开发的综合实例源代码。读者可从清华大学出版社网站本书相应页面下载。

编　者

2017 年 10 月于天津科技大学

目　　录

第1章 面向对象和类

【本章内容】

- 面向对象和类的基本知识；
- 面向对象程序设计；
- 对象和类；
- 构造函数和析构函数；
- 静态成员；
- 友元；
- 类模板；
- 习题。

1.1 面向对象程序设计

1.1.1 什么是面向对象程序设计

1. 面向对象的思想

面向对象是相对于面向过程而言的一种编程思想，它是通过操作对象实现具体的功能，即将功能封装进对象，用对象实现具体的细节。这种思想以数据为中心、方法（算法）居其次，是对数据的一种优化，实现起来非常方便、简单。

C++是一种面向对象的程序设计语言，使用它可以进行面向对象程序设计，在介绍面向对象程序设计的特性之前，必须先要了解它的方法和特点。

2. 面向对象程序设计

面向对象程序设计（Object Oriented Programming，OOP）既是一种程序设计范型，又是一种程序开发方法。这里的对象指的是类的实例，即客观世界中存在的对象。它们既互不相同、拥有各自的特点，具有唯一性，又彼此相互联系、相互作用。面向对象程序设计是将对象作为构成软件系统的基本单元，并从相同类型的对象中抽象出一种新型的数据结构——类。

类是一种特殊的类型，其成员中不仅包含描述类对象属性的数据，还包含对这些数据进行处理的程序代码，这些程序代码称为对象的行为（或操作）。将对象的属性和行为封装在一起后，可使内部的大部分实现细节被隐藏，仅通过一个可控的接口与外界交互。

面向对象程序设计是完成程序设计任务的一种新方法，它汲取了结构化程序设计思想中最为精华的部分。面向对象程序设计是一种结构化程序设计，是软件开发的第二次变革，是程序结构的统一理论。

3. 面向对象程序设计的基本特点

（1）抽象性。抽象是指从具体的实例中抽取共同的性质并加以描述，忽略次要的和非本质的特征。面向对象程序设计比面向过程程序设计更加强调抽象性。在面向对象方法中,抽象是从系统层面进行分析和认识的,强调的是实体的本质和内在属性,是从一般的观点来观察事物,集中研究某一性质,忽略其他与此无关的部分,对系统进行简化描述。

对于问题的抽象一般包括两个方面:数据抽象和行为抽象。数据抽象是针对对象属性实现数据封装的,仅为程序员提供了对象的属性和状态的描述,而对象的属性和状态在类外不能被访问。行为抽象是对这些数据所需要的操作进行的抽象。

抽象的过程是以模块化的形式实现的,即通过分析,将一个复杂的系统分解为若干个模块,每个模块都是对整个系统结构中某一部分进行的自包含和完整的描述。由于对模块中的细节进行了信息隐藏,所以使用者只能通过受保护的接口来访问模块中的数据。这个接口由一些操作组成,定义了该模块的行为。

例如,想要在计算机上绘制一个圆形时,通过对这个图形进行分析,可以看出绘制这个图形需要 3 个数据来描述圆的位置(圆心的横坐标、纵坐标)以及圆的大小(半径),这就是对该圆形的数据抽象。因此,绘制圆形时应该具有设置圆心坐标、半径等功能,这就是对它的行为抽象。

用 C++ 语言可以将该图形描述如下:

```
1.    圆形(circle);
2.    数据抽象:
3.    double x,y,r;
4.    行为抽象:
5.    setx();sety();setr(); draw();
```

再例如,要建立一个学生类,学生类中包含学号、姓名、性别、专业等特征。这些特征是学生的属性。学生会进行上课、吃饭、学习等行为。在定义学生类时可以将这些行为特征抽象为方法。

用 C++ 语言可以将上述行为特征描述如下:

```
1.    学生(student)
2.    数据抽象:
3.    int num;
4.    char name;
5.    char sex;
6.    char major;
7.    行为抽象:
8.    have lessons();
9.    eating();
10.   study();
```

(2) 封装性。封装是一种信息隐蔽技术,是面向对象方法的重要法则。封装具有两个作用,一是将不同的小对象封装成一个大对象,二是把一部分内部属性和功能对外界隐蔽。

例如，一台计算机是一个大对象，它由主机、显示器、键盘、鼠标等小对象组成，在设计时可以先对这些小对象进行设计，确定各自的属性，然后在它们之间建立相互联系，最后就可以拼装成一台计算机。封装是将事物的属性和行为包装到对象的内部，形成一个独立模块单位，使外界不了解它的详细内情。在面向对象方法中，某些相关的代码和数据被结合在一起，成为一个数据和操作的封装体，这个封装体向外提供一个可以控制的接口，其内部大部分的实现细节对外隐蔽，达到对数据访问权限的合理控制的目的。

封装的目的在于把对象的设计者和使用者分开，使用者可以不必要知道行为实现的细节，只需使用设计者提供的消息来访问该对象。信息隐蔽技术的具体实现是，函数的调用者只需要了解函数的接口信息来正确地使用函数，无须了解函数的具体实现，即函数接口与具体实现是独立的。

例如，有个学生信息管理系统，系统实现中定义了一个学生类，向用户提供了输入学生信息 Input( )、输出学生信息 Output( )、查询学生学号 Searchnum( )、查询学生姓名 Searchname( ) 4 个接口，而将所用的函数的具体实现和 num、name 等数据隐藏起来，实现数据的封装和隐藏。封装使得程序中各部分之间的相互影响达到最小，提高了程序的安全性，简化了代码的编写工作。

对象是面向对象程序语言中支持并实现封装的机制。对象中既包含数据（即属性）又包含对这些数据进行处理的操作代码（即行为），它们都称为对象的成员。对象中的成员可以定义为公有成员或者私有成员。

私有成员即在对象中被隐藏的部分，不能被该对象以外的程序访问。

公有成员则提供对象与外界的接口，外界只能通过这个借口与对象发生联系。可以看到，对象有效地实现了封装的两个目标——对数据和行为的包装和信息隐藏。

封装防止了系统间相互依赖而带来的变动影响。面向对象的封装比传统语言的封装更加清晰、有力。面向对象的类是封装良好的模板，类定义将其说明（外部接口）与实现（内部实现）显式地分开，其内部实现按其具体定义的作用域提供保护。封装防止了程序相互依赖性而带来的变动影响。

（3）继承性。继承是软件复用的一种方式，通过继承，一个对象可以获得另一个对象的属性。继承反映的是对象之间的相互关系，它允许一个新类从现有类中派生而出，新类能够继承现有类的属性和行为，修改或增加新的属性和行为，增添一些自己特有的性质，成为一个功能更强大、更满足应用需求的类。

如图 1-1 所示，东北虎、华南虎、孟加拉虎都属于虎，金钱豹、印度豹都属于豹，家猫、野猫都属于猫，而虎、豹、猫均属于猫科动物，如果不使用层次概念，每个对象都需要明确定义各自的特征。如果通过继承的方式进行描述，一个对象只需要在它的类中定义一些使它成为唯一的属性，其他的通用属性可以从父类中继承。正是由于这种继承机制，才可以使得一个对象可以成为一个通用类的特定实例。一个深度继承的子类将继承它在类层次中的每个祖先的所有属性。

在特殊类中，人们不必考虑继承来的属性和行为，只需着重研究它所特有的性质，这就好像在现实世界中，人们已知房子是建筑物这一概念的继承，则房子这一概念具有建筑物的

图 1-1　类的继承

所有特点,还同时包含有它自身所特有的一些属性。一个类也可以继承多个一般类的特性,被称为多继承,即每个子类可以有多个父类。

C++提供了继承机制,采用继承的方法可以很方便地利用一个已有的类建立一个新的类,这就可以重用已有软件中部分甚至大部分代码,大大节省了编程的工作量,这就是软件重用思想。这样既可以使用自己以前建立的类,又可以使用别人建立的类或是存放在类库中的类。而且只需要对这些类做适当的加工即可使用,大大地缩短了软件开发的周期,对于大型软件的开发具有重要意义。

(4) 多态性。多态是面向对象程序设计的一个重要特征,同一消息被不同的对象接收,可产生完全不同的行为,即"一个接口,多种形态",这种现象称为多态性。多态性表现为同一属性或操作在一般类或特殊类中具有不同的语义,从一个基类派生出的各个对象具有同一个的接口,因而能响应同一种格式的信息,但是不同类型的对象对该信息的响应方式不尽相同,可产生完全不同的行为。这里所说的消息一般是指对类的成员函数的调用,不同的行为要用不同的函数进行实现。

如果有几个相似而不完全相同的对象,当向它们发出同一信息时,它们的反应会各不相同,分别执行不同的操作。例如,在编制绘图程序时,不同图形的绘制方式是不同的,要先声明一个"几何图形"基类,在该类中定义一个"绘图"行为,并定义该类的"直线""椭圆""多边形"等派生类,这些类都继承了基类中的"绘图"行为。在基类的"绘图"行为中,由于图形类型尚未确定,所以并不明确定义如何绘制一个图形的方法而是在各派生类中,根据具体需要对"绘图"重新定义。这样,当对不同的对象发出同一"绘图"命令时,不同对象调用自己的"绘图"程序可绘制出不同的图形。

C++的多态性指的是,由继承而产生的相关类中的对象对同一消息会做出不同的响应。多态性是面向对象程序设计的一个重要特征,增加了软件的灵活性和重用性。

1.1.2　为什么要用面向对象程序设计

学习过C语言的人都知道,C语言是面向过程的结构化语言。既然已经有了面向过程程序设计,为什么还要开发面向对象的程序呢?这是因为面向过程程序设计是结构化的程序设计,是以解决问题为基础和重点的,因此在方法上存在不足。在结构化程序设计中,程序被定义为"数据结构+算法",数据与处理这些数据的过程是分离的,这样在对不同格式的数据进行相同的处理或者对相同的数据进行不同的处理时,都要用不同的程序模块来实现,这使得程序的可复用性不高。同时,由于过程和数据分离,数据可能同时被多个模块使用和修改,因此很难保证数据的安全性和一致性。

面向过程程序设计是以数据为中心的,面向过程的功能分解法属于传统的结构化分析法。现实世界中,分析者将对象系统看作一个大的处理系统,然后将其分解为若干个子处理过程,最后解决系统的总体控制问题。在分析过程中,使用数据描述各子处理过程之间的联系,整理各子处理过程的执行顺序。

面向过程程序设计的稳定性、可修改性和可重用性都比较差,对数据类型的检查机制比较弱,语言结构不支持代码重用,程序员在大规模程序开发中很难控制程序的复杂度。随着软件的规模和复杂度的不断增加,面向过程程序设计的结构化程序设计方法已经难以满足大型软件的开发要求,于是在此基础上发展、扩充到对象领域,诞生了 C++ 面向对象程序设计语言。

面向对象程序设计充分体现了分解、抽象、模块化、信息隐蔽等思想,有效地提高了软件生产率,缩短了软件开发时间,提高了软件质量,是控制复杂度的有效途径。

面向对象程序设计的代码易于修改和维护、复用性高、易于扩展、效率更高,能更好地满足用户需求。

1.2 类和对象

1.2.1 类的声明

类的声明就是类的定义。与结构的声明类似,声明一个类所用语法的一般形式如下:

```
class <类名>
{
private:
  <私有成员函数和数据成员的说明>
public:
  <公有成员函数和数据成员的说明>
  };
  <各个成员函数的实现>
```

其中,class 是声明类的关键字;<类名>是标识符,表示声明的类的名字;花括号内部包含的语句块是该类的类体,在类体中可对该类的成员进行定义和说明。类的声明以分号结束。

类声明体内的函数和变量称为这个类的成员,分别称为成员函数和数据成员。数据成员通常是变量或对象的说明语句。成员函数是指函数的定义语句或说明语句。

public、private 等关键字用来说明类的成员的访问控制属性。"public:"之后的成员为公有成员,在类外可以直接引用,提供了类与外界的接口。通常,类的成员函数会被全部或部分定义为公有成员。"private:"之后的成员为私有成员,只能被本类定义的函数引用。通常,将数据成员定义为私有成员,如果在类的定义中既不指定 private,也不指定 public,则系统就默认为是私有的。一个类体中,关键字 public 和 private 可以分别出现多次,即一个类体中可以包含多个 public 和 private 部分。每个部分的有效范围到出现另一个访问限定符或类体结束。

除了 private 和 public 之外,还有一种成员函数访问限定符"protected:"。它表示受保护的,不能从类的外部进行访问,但可以被派生类的成员函数访问。有关派生类的知识后面会有详细介绍。

【例 1-1】 声明一个 Time 类。代码如下:

```
1.    class Time                              //声明一个 Time 类
2.    {
3.        private:                            //数据成员为私有的
4.        int hour;
5.        int minute;
6.        int sec;
7.        public:                             //成员函数为公有的
8.        void set_time()                     //在类内定义成员函数
9.        {
10.           cin>>hour;
11.           cin>>minute;
12.           cin>>sec;
13.       }
14.       void  show_time()                   //在类内定义成员函数
15.       { cout<<hour<<":"<<minute<<":"<<sec<<endl;
16.       }
17.   };
```

1.2.2 类的成员函数

1. 成员函数的性质

类的成员函数(简称类函数)是函数的一种,它的用法和作用与普通函数基本相同,均有返回值和函数类型。但与一般函数的区别是,类的成员函数属于一个类的成员,必须出现在类体中,可以被定义为 private(私有的)、public(公有的)和 protected(受保护的)。

在使用类的函数时,一定要注意该函数的权限和作用域。例如,前面提到的 private 成员函数只能被本类中的其他成员函数调用,而不能从类外进行调用。public 成员函数既可以被本类中的其他成员函数访问,也可以在类外被该类的对象访问。成员函数可以访问本类中的任何成员,引用本作用域中有效的数据。

2. 在类外定义成员函数

类的成员函数用于描述类的行为和功能,是程序算法的具体实现,是对封装的数据进行操作的方法。一个类中的成员函数通常会比较多,所以为了使类看起来简洁,会在类的定义中声明成员函数,用于说明该成员函数的形式参数和返回值类型。在类体外对该函数定义时必须使用作用域运算符(::)来说明此函数是属于哪个类的函数。

在类外定义成员函数的格式如下:

```
返回类型  类名::成员函数名(参数表)
{//函数体}
```

上一节中看到的成员函数是在类体中定义的,也可以在类体中只对成员函数进行声明,在类外进行函数的定义。

【例 1-2】 将例 1-1 改为在类外定义函数。代码如下:

```
1.     class Time                                    //声明一个 Time 类
2.     {
3.         private:                                   //数据成员是私有的
4.         int hour;
5.         int minute;
6.         int sec;
7.         public:                                    //成员函数为公有的
8.         void set_time();                           //在类内声明该成员函数
9.         void show_time();                          //在类内声明成员函数
10.    };
11.    void Time::set_time()                          //在类外定义成员函数
12.    {
13.        cin>>hour;
14.        cin>>minute;
15.        cin>>sec;
16.    }
17.    void Time::show_time()                         //在类外定义成员函数
18.    {cout<<hour<<":"<<minute<<":"<<sec<<endl;
19.    }
```

注意:对比例 1-1 和例 1-2 可知,当在类体中直接定义函数时,不需要在函数名前面加上类名,因为函数属于哪一个类是很明显的;但是在类外定义成员函数时,必须在函数名前面加上类名,以限定和说明此函数是属于哪个类的函数。

类函数必须先在类体中做原型声明,然后再在类外定义,也就是说类体的位置应该在函数定义之前,否则编译时就会出错。需要清楚的是,虽然函数是在类外定义的,但是在调用成员函数时会根据类中声明的函数原型找到函数的定义(函数的代码),从而执行该函数。

1.2.3 内联成员函数

内联成员函数是指用 inline 关键字修饰的函数,在类内定义的函数默认为内联函数。为了提高运行时的效率,对于较简单的函数可以声明为内联函数。在内联函数体中不能有循环语句或 switch 语句。

成员函数也可以设置为内联函数。成员函数设置为内联函数的方式有两种:一是在类内给出函数体定义的成员函数(默认为内联函数);二是在类内给出函数声明,再在类体外给

出函数的定义。在第二种情况下,进行类内声明时需要在函数声明前加上关键字 inline;在
类外给出函数的定义时,不需要加关键字 inline。

【例 1-3】 在类的声明中定义内联函数。代码如下:

```
1.    #include<iostream>
2.    using namespace std;
3.    class  Ratio
4.    {
5.        public:
6.        void assign(int n,int d){num=n;den=d;}
7.        double convert()
8.        {return double(num)/den;}
9.        void invert()
10.       {int temp=num;num=den;den=tump;}
11.       void print()
12.       {cout<<num<<"/"<<den;}
13.       private:
14.       int num,den;
15.    };
```

【例 1-4】 在类外定义内联成员函数。代码如下:

```
1.    #include<iostream>
2.    using namespace std;
3.    class Ratio
4.    {
5.        public:
6.        void assign(int,int);
7.        double convert();
8.        void invert();
9.        void print();
10.       private:
11.       int num,den;
12.    };
13.    inline void Ratio::assign(int n,int d)
14.    {
15.        num=n;
16.        den=d;
17.    }
18.    inline double Ratio::convert()
19.    {return double (num)/den;
20.    }
21.    inline void Ratio::invert()
22.    {
```

```
23.        int temp=num;
24.        num=den;
25.        den=temp;
26.    }
27.    inline void Ratio::print()
28.    {
29.        cout<<num<<"/"<<den;
30.    }
```

1.2.4 定义对象的方法

1. 对象的基本概念

对象是对某个特定类型进行描述的实例。现实世界中的任何一种事物都可以看成是一个对象(Object)。对象能表示有形的实体,也能表示无形(抽象)的规则、计划和事件。只有引入了对象的概念,才能在软件中模拟出更接近现实的世界,因此可以认为类是对象的抽象,对象是类的实例。

任何一个对象都应当具有属性(Attribute)和行为(Behavior)这两个要素。对象应能根据外界所给的消息进行相应的操作。对象一般是由一组属性和一组行为构成的,例如一部手机就是一个对象,它的属性就是生产厂家、品牌、重量、颜色、价格等,它的行为就是打电话、上网、播放音乐等活动。一般来说,凡是具备属性和行为这两种要素的事物,都可以作为对象。

2. 定义对象的方法

定义对象可以有以下几种方法。

方法1:先声明类类型,然后在使用时再定义对象。

定义的格式与一般变量定义的格式相同,具体如下:

类名   对象名列表;

例如:

Time   time1,time2;

定义了 time1 和 time2 这两个 Time 类的对象。

方法2:在声明类的同时,可以直接定义对象,如例1-5所示。

【例1-5】 定义两个 Time 类的对象 time1 和 time2。代码如下:

```
1.    class Time
2.    {
3.        private:
4.        int hour;
5.        int minute;
6.        int sec;
```

```
7.         public:
8.            void set_time();
9.            void show_time();
10.    }time1,time2;
```

方法 3：不出现类名，直接定义对象。

【例 1-6】 定义了两个无类名的类对象 time1 和 time2。代码如下：

```
1.    class
2.    {
3.         private:
4.            int hour;
5.            int minute;
6.            int sec;
7.         public:
8.            void set_time();
9.            void show_time();
10.    }time1,time2;
```

虽然直接定义对象在 C++ 语法中是被允许的，但是却很少，也不提倡这么做。在程序开发中，一般都采用方法 1 的形式。在开发小型程序或所声明的类只用于本程序时，也可以用例 1-5 的形式；在定义一个对象时，编译系统会为这个对象分配存储空间，以存放对象中的成员。

注意：

（1）必须先定义类再定义对象，被定义的多个对象之间要用逗号隔开。

（2）声明了一个类就是声明了一种新的数据类型。类本身不能接收和存储具体的值，只有定义了类的对象后，系统才会为具体的对象分配存储空间。

（3）在声明类时，定义的类对象是一种全局对象，它的生存期会保持到整个程序运行结束。

1.2.5　类和对象的简单应用

【例 1-7】 用类来实现输入输出日期。代码如下：

```
1.    #include<iostream>
2.    using namespace std;
3.    class Date                                    //声明一个 Date 类
4.    {
5.        public:                                    //数据成员为公有的
6.            int year;
7.            int month;
8.            int day;
9.    };
```

```
10.    int main()
11.    {
12.        Date D1;                                              //定义 D1 为 Date 类的对象
13.        cin>>D1.year;                                         //输入日期
14.        cin>>D1.month;
15.        cin>>D1.day;
16.        cout<<D1.year<<"/"<<D1.month<<"/"<<D1.day<<endl;      //输出日期
17.        return 0;
18.    }
```

运行结果如图 1-2 所示。

```
2017 3 26
2017/3/26

--------------------------------
Process exited after 29.12 seconds with return value 0
请按任意键继续. . .
```

图 1-2 例 1-7 的运行结果

【例 1-8】 编写一个基于对象的程序,来求 3 个长方体的体积。数据成员包括 length（长）、width(宽)和 height(高)。要求用成员函数实现以下功能。

（1）由键盘输入 3 个长方体的长、宽、高。

（2）计算长方体的体积。

（3）输出 3 个长方体的体积。代码如下:

```
1.    #include<iostream>
2.    using namespace std;
3.    class Volume              //声明 volume 类
4.    {
5.        private:              //数据成员为私有的
6.        int length;
7.        int width;
8.        int height;
9.        int volume;
10.       public:               //成员函数为公有的
11.       void set_volume();
12.       void show_volume();
13.    };
14.    int main()
15.    {
16.        Volume v1;            //定义对象 v1
17.        v1.set_volume();      /*调用对象 v1 的成员函数 set_volume,向 v1 的数据
                                    成员输入数据 */
```

```
18.        v1.show_volume();                    /*调用对象 v1 的成员函数 show_volume,
                                                    输出 v1 的数据成员的值 */
19.        Volume v2;
20.        v2.set_volume();
21.        v2.show_volume();
22.        Volume v3;
23.        v3.set_volume();
24.        v3.show_volume();
25.        return 0;
26.    }
27.    void Volume::set_volume()                 //在类外定义 set_volume 函数
28.    {
29.        cin>>length;
30.        cin>>width;
31.        cin>>height;
32.        volume=length * width * height;
33.    }
34.    void Volume::show_volume()                //在类外定义 show_volume 成员函数
35.    {cout<<"volume="<<volume<<endl;
36.    }
```

运行结果如图 1-3 所示。

```
10
11
12
volume=1320
15
16
20
volume=4800
13
15
16
volume=3120

--------------------------------
Process exited after 28.07 seconds with return value 0
请按任意键继续. . .
```

图 1-3　例 1-8 的运行结果

1.3　构造函数和析构函数

1.3.1　构造函数

1. 定义

构造函数是一种特殊的成员函数,构造函数的作用是为对象分配内存并初始化对象为一个特定的状态。

2. 特征

构造函数的名称必须与它所属的类名相同,应该被声明为公有函数且没有任何类型的返回值。

构造函数在定义类对象时会由系统自动调用,不能像其他成员函数那样由用户直接调用。

作为类的一个成员函数,构造函数具有一般成员函数所有的特性,并且可以访问类的所有数据成员,可以是内联函数,可以带有参数表,还可以带默认的形参值,构造函数也可以重载,以提供初始化类对象的不同方法。

【例 1-9】 构造函数。代码如下:

```cpp
1.    #include<iostream>
2.    using namespace std;
3.    class Date
4.    {
5.        private:
6.        int year;
7.        int month;
8.        int day;
9.        public:
10.        Date(int y,int m,int d);
11.        void show_date();
12.    };
13.    Date::Date(int y,int m,int d)              //带参数的构造函数
14.    {
15.        year=y;
16.        month=m;
17.        day=d;
18.        cout<<"constructor  called"<<endl;
19.    }
20.    void Date::show_date()
21.    {
22.        cout<<year<<"/"<<month<<"/"<<day<<endl;
23.    }
24.    int main()
25.    {
26.        Date Today(2017,3,26),Tomorrow(2017,3,27);   //Date类的两个对象
27.        cout<<"Today is ";
28.        Today.show_date();
29.        cout<<"Tomorrow is ";
30.        Tomorrow.show_date();
31.    }
```

运行结果如图 1-4 所示。

```
constructor  called
constructor  called
Today is 2017/3/26
Tomorrow is 2017/3/27

-----------------------------------
Process exited after 0.2614 seconds with return value 0
请按任意键继续. . .
```

图 1-4   例 1-9 的运行结果

程序分析：在 Date 类中定义了一个带参数的构造函数。从运行结果可以看出，当主程序中声明 Date 类的对象 Today 和 Tomorrow，构造函数被自动调用两次。因为该构造函数带有形参，所以在对象声明时必须通过实参给出初始值。

每个类都必须有构造函数，若类定义时没有定义任何构造函数，编译器会自动生成一个不带参数的默认构造函数，其形式如下：

```
<类名>::<默认构造函数名>()
{
    ...
}
```

默认构造函数名与类名相同。

1.3.2 构造函数的重载

在一个类中可以定义多个构造函数，以便根据不同的需要采用不同的方法初始化类的对象。若构造函数具有相同的名字，而参数的个数或参数的类型不相同，就称为构造函数的重载。和一般函数一样，类重载构造函数的参数列表（参数的类型、个数、顺序）必须不同，系统根据函数名和参数列表共同确定该调用哪个函数。

【例 1-10】 利用构造函数的重载输出年、月、日。代码如下：

```
1.    #include<iostream>
2.    using namespace std;
3.    class Date
4.    {
5.        private:
6.        int year;
7.        int month;
8.        int day;
9.        public:
10.       Date();                          //声明一个无参数的构造函数
11.       Date(int y,int m,int d);         //声明一个有参数的构造函数
12.       void show_Date();                //声明成员函数
13.    };
14.    Date::Date()                        //在类外定义无参数构造函数
15.    {
```

```
16.      year=2017;
17.      month=4;
18.      day=7;
19.  }
20.  Date::Date(int y,int m,int d)
21.  {
22.      year=y;
23.      month=m;
24.      day=d;
25.  }
26.  void Date::show_Date()
27.  {
28.      cout<<year<<"/"<<month<<"/"<<day<<endl;
29.  }
30.  int  main()
31.  {
32.      Date Today(2017,4,6);
33.      Date Tomorrow;
34.      Today.show_Date();
35.      Tomorrow.show_Date();
36.  }
```

运行结果如图 1-5 所示。

```
2017/4/6
2017/4/7

--------------------------------
Process exited after 3.023 seconds with return value 0
请按任意键继续. . .
```

图 1-5　例 1-10 的运行结果

1.3.3　默认构造函数

在 C++ 的类中必须有一个构造函数,这个构造函数可以是 C++ 自身提供的默认构造函数(即在调用时不必提供参数的构造函数),也可以是程序员自己定义的构造函数。

声明构造函数时,可以为构造函数提供默认参数。给构造函数提供默认参数的好处是,即使在调用构造函数时没有提供参数,也会确保按照默认的参数对对象进行初始化。所有参数都是默认参数的构造函数称为默认构造函数。但一个类不能同时拥有多个默认构造函数,因为编译器难以区分对它们的调用。

在 C++ 中,若在一个类中没有定义构造函数,不一定会有默认的构造函数,只是在下面 4 种情况下,C++ 才会构造一个默认的构造函数:

(1) 在一个类中,带有含有默认构造函数的成员类。

(2) 一个类继承了带有默认构造函数的基类。

(3) 类中带有虚函数。

（4）带有虚基类的类。

【**例 1-11**】 将例 1-10 改为运用带默认参数的构造函数。代码如下：

```
1.    #include<iostream>
2.    using namespace std;
3.    class Date
4.    {
5.        private:
6.        int year;
7.        int month;
8.        int day;
9.        public:
10.       Date(int y=2017,int m=4,int d=1);     //声明一个带默认参数的构造函数
11.       void show_Date();                     //声明成员函数
12.   };
13.   Date::Date(int y,int m,int d)
14.   {
15.       year=y;
16.       month=m;
17.       day=d;
18.   }
19.   void Date::show_Date()
20.   {
21.       cout<<year<<"/"<<month<<"/"<<day<<endl;
22.   }
23.   int   main()
24.   {
25.       Date Today(2017,4,7);                 //使用给定值初始化对象
26.       Date Tomorrow;                        //使用默认值初始化对象
27.       Today.show_Date();
28.       Tomorrow.show_Date();
29.   }
```

运行结果如图 1-6 所示。

```
2017/4/7
2017/4/1
-----------------------------------
Process exited after 0.09722 seconds with return value 0
请按任意键继续. . . ■
```

图 1-6 例 1-11 的运行结果

1.3.4 复制构造函数

复制构造函数（又叫拷贝构造函数）是重载构造函数的一种重要形式，它的功能是使用一个已经存在的对象去初始化一个新创建的同类的对象，它可以将一个已有对象的数据成

员的值复制给正在创建的另一个同类的对象。

例如,已经有了一个 Date 类的对象 Today,然后希望生成一个和它一样的对象 Tomorrow,可以用以下形式实现:

```
Date Today(2017,4,7);
Date Tomorrow(Today);
```

在创建对象 Tomorrow 时,系统调用复制构造函数,将对象 Today 的每个数据成员的值都复制到 Tomorrow 中,使两者具有同样的值。

复制构造函数实际上也是构造函数,具有一般构造函数的所有特性,其名字也与所属类名相同。在复制构造函数中只有一个参数,这个参数是对某个同类对象的引用。

在定义复制构造函数时,必须遵从以下的一些规则:

(1) 复制构造函数的名字必须与类名相同,并且没有返回值。

(2) 复制构造函数只能有一个参数,这个参数是这个类的一个地址引用。

(3) 在类中,如果不定义复制构造函数,系统会生成一个默认的复制构造函数。

定义复制构造函数的一般格式如下:

```
class 类名
{
  Public:
  类名(形参参数)                              //构造函数的声明或原型
  类名(类名 & 对象名)                          //复制构造函数的声明或原型
  ...
};
```

【例 1-12】 对前面定义的 Date 类可以增添复制构造函数。代码如下:

```
1.      class Date
2.      {
3.          private:
4.          int year;
5.          int month;
6.          int day;
7.          public:
8.          Date(int y,int m,int d);            //构造函数
9.          Date(Date&day);                     //复制构造函数
10.         void print();
11.     }
12.     ...
13.     Date::Date(Date&myday)
14.     {
15.         year=myday.year;
16.         month=myday.month;
```

```
17.     day=myday.day;
18.   }
19.   ...
```

复制构造函数在以下 3 种情况下会被调用:

(1) 用类的一个对象去初始化该类的另一个对象时。

(2) 函数的形参是类的对象,调用函数进行形参和实参的结合时。

(3) 函数的返回值是类的对象,函数执行完返回调用者时。

1.3.5 用构造函数对类和对象初始化

1. 对象的初始化

在程序中常常需要对变量赋初值,即对其初始化。在面向过程程序设计时,只需在定义变量时对其赋以初值,即完成对其初始化操作。例如:

```
int a=1;                                    //定义整型变量 a,a 的初值为 10
```

在面向对象程序设计中,定义对象时需要先对其初始化,即对数据成员赋初值。对象代表一个实体,每一个对象都有确定的属性。例如用一个 Date(日期)类定义对象 D1、D2 和 D3 时,D1、D2 和 D3 分别代表了 3 个不同的日期(年、月、日)。每一个对象都应该在建立时就有其确定的内容,否则就失去了意义了,所以在系统为对象分配内存时应该同时对有关的数据成员赋初值。

如果一个类中所有的成员都是公用的,则可以在定义对象时对数据成员进行初始化。

【例 1-13】 对数据成员进行初始化。代码如下:

```
1.   class  Date
2.   {
3.       public:
4.       year;
5.       month;
6.       day;
7.   };
8.   Date  D1={2017,4,7}                     //将 D1 初始化为 2017/4/7
```

注意:

(1) 不能在类声明中对数据成员初始化,因为类并不是一个实体,而是一种抽象类型,所以它不占存储空间,无法存储数据。

(2) 如果数据成员是私有的,或者类中有 private 或 protected 数据成员,就不能用这种方法初始化。

2. 用构造函数实现数据成员的初始化

与其他成员函数不同,构造函数是一种特殊的成员函数,不需要用户调用,而是在建立对象时自动执行。

构造函数是在对类进行声明时由类的设计者定义的,用户只需在定义对象的同时指定数据成员的初值即可。

构造函数的名字必须与类名相同。不能任意命名。

【例 1-14】 用构造函数实现数据成员的初始化。代码如下：

```
1.   #include<iostream>
2.   using namespace std;
3.   class Date
4.   {
5.       public:
6.       Date()                          //定义构造成员函数,函数名与类名相同
7.       {
8.           year=2017;                  //利用构造函数对对象中的数据成员赋初值
9.           month=4;
10.          day=1;
11.      }
12.      void set_Date();
13.      void show_Date();
14.      private:
15.      int year;
16.      int month;
17.      int day;
18.   };
19.   void Date::set_Date()              //定义成员函数,向数据成员赋值
20.   {
21.      cin>>year;
22.      cin>>month;
23.      cin>>day;
24.   }
25.   void Date::show_Date()             //定义成员函数,输出数据成员的值
26.   {
27.      cout<<year<<"/"<<month<<"/"<<day<<endl;
28.   }
29.   int main()
30.   {
31.      Date D1;                        //建立对象 D1,同时调用构造函数 D1。Date()
32.      D1.set_Date();                  //对 D1 的数据成员赋值
33.      D1.show_Date();                 //显示 D1 的数据成员的值
34.      Date D2;                        //建立对象 D2,同时调用构造函数 D2。Date()
35.      D2.show_Date();                 //显示 D2 的数据成员的值
36.      return 0;
37.   }
```

运行结果如图 1-7 所示。

3. 用参数初始化表对数据成员初始化

参数初始化表对数据成员初始化是在函数的首部实现的,而不在函数体内部。

例如,在定义构造函数也可以改用下述方法：

```
2017 4 7
2017/4/7
2017/4/1 .

------------------------------
Process exited after 8.464 seconds with return value 0
请按任意键继续. . .
```

图 1-7 例 1-14 的运行结果

```
Date::Date(int y,int m,int d):year(y),month(m),day(d){}
```

它是在原来函数首部的末尾加一个冒号,然后列出参数的初始化表。这个初始化表的含义是用形参 y 的值初始化数据成员 year,用形参 m 的值初始化数据成员 month,用形参 d 的值初始化数据成员 day。后面花括号为空表示函数体是空的,即没有任何执行语句。

用函数的初始化表可以减少函数体的长度,使结构函数显得精炼简单。

带有参数初始化表的构造函数的一般形式如下:

```
类名::构造函数名([参数表])[:成员初始化表]
{
    [构造函数体]
}
```

【例 1-15】 带有参数初始化表的构造函数。代码如下:

```
1.    #include<iostream>
2.    using namespace std;
3.    class Date
4.    {
5.        private:
6.        int year;
7.        int month;
8.        int day;
9.        public:
10.       Date(int y,int m,int d);
11.       void show_date();
12.   };
13.   Date::Date(int y,int m,int d):year(y),month(m),day(d){}
                                    //参数初始化表对数据成员初始化
14.   void Date::show_date()
15.   {
16.       cout<<year<<"/"<<month<<"/"<<day<<endl;
17.   }
18.   int main()
19.   {
20.       Date Today(2017,4,7),Tomorrow(2017,4,8); //Date 类的两个对象
21.       cout<<"Today is ";
```

```
22.        Today.show_date();
23.        cout<<"Tomorrow is ";
24.        Tomorrow.show_date();
25.    }
```

运行结果如图 1-8 所示。

```
Today is 2017/4/7
Tomorrow is 2017/4/8

--------------------------------
Process exited after 0.3929 seconds with return value 0
请按任意键继续. . .
```

图 1-8　例 1-15 的运行结果

1.3.6　对象数组

对象数组是指每一个数组元素都是对象的数组。也就是说,若某一个类有若干个对象,就可以把这一系列对象用同一个数组来存放。其定义格式如下:

```
<类名><数组名>[<对象的个数>];
```

例如,假设已经声明了类 Student,则语句

```
Student  stud [30];
```

定义了 stud 数组,并且包含 30 个元素。

注意:

(1) 在建立数组时,需要调用构造函数。有几个元素就需要调用几次构造函数。

(2) 可以在定义数组时对其提供实参以实现初始化。

① 构造函数只有一个参数时,在定义数组时可以直接在等号后面的花括号里提供实参。例如:

```
Student stud[2]={90,95};
```

将两个实参分别传递给两个数组元素的构造函数。

② 构造函数有多个参数时,在花括号中分别写出构造函数名并在括号内指定实参。

例如:假设已经构造函数有两个参数,分别代表学号和姓名,则定义数组

```
Student stud[3]={          //定义对象数组
    Student (100,张三),    //调用第一个元素的构造函数,并向它提供两个实参
    Student (101,李四),    //调用第二个元素的构造函数,并向它提供两个实参
    Student (102,赵五),    //调用第三个元素的构造函数,并向它提供两个实参
}
```

(3) 编译系统只为每个对象元素的构造函数传递一个实参,所以在定义数组时提供的

实参个数不能超过数组元素个数。

【例1-16】 计算并输出3个长方体的体积。代码如下：

```
1.    #include<iostream>
2.    using namespace std;
3.    class Box
4.    {
5.        public:
6.        Box(int l=10,int w=15,int h=20):length(l),width(w),height(h){}
                        //声明有默认参数的构造函数,用参数初始化表对数据成员初始化
7.        int volume();
8.        private:
9.        int length;
10.       int width;
11.       int height;
12.   };
13.   int Box::volume()
14.   {
15.       return (length * width * height);
16.   }
17.   int main()
18.   {
19.       Box V[3]={
20.       Box (),            //调用构造函数 Box,用默认参数初始化第一个元素的数据成员
21.       Box (10,11,12),    //调用构造函数 Box,提供第二个元素的实参
22.       Box (1,16,20)      //调用构造函数 Box,提供第三个元素的实参
23.   };
24.   cout<<"volume of V[0] is "<<V[0].volume()<<endl;
25.   cout<<"volume of V[1] is "<<V[1].volume()<<endl;
26.   cout<<"volume of V[2] is "<<V[2].volume()<<endl;
27.   return 0;
28.   }
```

运行结果如图1-9所示。

```
volume of V[0] is 3000
volume of V[1] is 1320
volume of V[2] is 320

-----------------------------------
Process exited after 0.3841 seconds with return value 0
请按任意键继续. . .
```

图1-9　例1-16的运行结果

1.3.7　对象的赋值和复制

1. 对象的赋值

当一个类定义了两个或多个对象时,这些同类的对象之间可以相互赋值,即一个对象的

值可以赋给另一个同类的对象。

对象赋值的一般形式如下：

对象名 1=对象名 2；

注意：对象名 1 和对象名 2 必须同属于一个类的两个对象。

【例 1-17】 将一个对象的值赋给另一个对象。代码如下：

```
1.    #include<iostream>
2.    using namespace std;
3.    class Box
4.    {
5.        public:
6.        Box(int l=10,int w=15,int h=20):length(l),width(w),height(h){}
                        //声明有默认参数的构造函数,用参数初始化表对数据成员初始化
7.        int volume();
8.        private:
9.        int length;
10.       int width;
11.       int height;
12.    };
13.    int Box::volume()
14.    {
15.        return (length * width * height);
16.    }
17.    int main()
18.    {
19.        Box box1(10,11,12),box2;
20.        cout<<"The volume of box1 is "<<box1.volume()<<endl;
21.        box2=box1;         //将 box1 的值赋值给 box2
22.        cout<<"The volume of box2 is "<<box2.volume()<<endl;
23.        return 0;
24.    }
```

运行结果如图 1-10 所示。

```
The volume of box1 is 1320
The volume of box2 is 1320

--------------------------------
Process exited after 0.3953 seconds with return value 0
请按任意键继续. . .
```

图 1-10　例 1-17 的运行结果

2. 对象的复制

对象的复制就是用一个已有的对象快速地复制出多个完全相同的对象。

例如：

```
Box box2(box1);                              //用已有的对象 box1 去克隆出一个新对象 box2
```

对象复制有以下两种一般形式。

形式 1：

```
类名 对象 2(对象 1);
```

形式 2：

```
类名 对象名 1=对象名 2
```

对象的复制在建立对象时需要调用一个特殊的构造函数——复制构造函数。复制构造函数也是构造函数,但它只有一个参数,这个参数只能是本类的对象,不能是其他类的对象,而且采用对象的引用形式。复制构造函数的作用就是将实参对象的各成员值一一赋给新的对象中对应的成员。

复制构造函数的形式如下：

```
Box::Box(const Box &b)
{
    height=b.height;
    width=b.width;
    length=b.length;
}
```

【例 1-18】 将上个程序修改为对象复制的形式。代码如下：

```
1.    #include<iostream>
2.    using namespace std;
3.    class Box
4.    {
5.        public:
6.        Box(int l=10,int w=15,int h=20):length(l),width(w),height(h){}
                    //声明有默认参数的构造函数,用参数初始化表对数据成员初始化
7.        int volume();
8.        private:
9.        int length;
10.       int width;
11.       int height;
12.    };
13.   int Box::volume()
14.   {
15.       return (length * width * height);
16.   }
17.   int main()
18.   {
```

```
19.        Box box1(10,11,12);
20.        cout<<"The volume of box1 is "<<box1.volume()<<endl;
21.        Box box2=box1,box3=box2;                        //将 box1 的值赋值给 box2
22.        cout<<"The volume of box2 is "<<box2.volume()<<endl;
23.        cout<<"The volume of box3 is "<<box3.volume()<<endl;
24.        return 0;
25.    }
```

运行结果如图 1-11 所示。

```
The volume of box1 is 1320
The volume of box2 is 1320
The volume of box3 is 1320

-------------------------------
Process exited after 0.6157 seconds with return value 0
请按任意键继续. . . ■
```

图 1-11　例 1-18 的运行结果

1.3.8　析构函数

1. 析构函数

析构函数也是类的成员函数,它的名字是在类名前加字符"~"。析构函数没有参数,也没有返回值,析构函数不能重载,所以一个类中只能定义一个析构函数并且应为 public。

当一个对象运行失效时,就要调用该对象所属类的析构函数。析构函数的功能是用来释放一个对象占用的内存。析构函数本身并不实际删除对象,而是在撤销对象占用的内存之前完成一些清理工作。使内存可用来保存新的数据。

析构函数可以在程序中被调用,也可由系统自动调用。当函数执行结束时,在函数体内定义的对象所在类的析构函数会被自动调用。用 new 运算符动态地创建一个对象,当用delete 运算符释放它时,自动调用其析构函数。

【例 1-19】　析构函数。代码如下:

```
1.    #include<string>
2.    #include<iostream>
3.    using namespace std;
4.    class Student
5.    {
6.        private:
7.        int num;
8.        string name;
9.        float score;
10.       public:
11.       Student(int n,string nam,float s ):num(n),name(nam),score(s){}
12.       ~Student();
13.       void show();
```

```
14.    };
15.    Student::~Student()
16.    {
17.        cout<<"destruct..."<<endl;
18.    }
19.    void Student::show()
20.    {
21.        cout<<"学号"<<":"<<num<<endl;
22.        cout<<"姓名"<<":"<<name<<endl;
23.        cout<<"成绩"<<":"<<score<<endl;
24.    }
25.    int main()
26.    {
27.        Student S1(1000,"张三",95);
28.        S1.show();
29.        return 0;
30.    }
```

运行结果如图 1-12 所示。

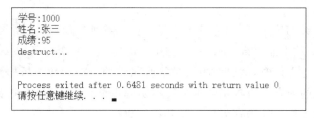

图 1-12   例 1-19 的运行结果

2. 构造函数和析构函数的调用顺序

（1）全局对象。全局对象即在所有函数之外定义的对象，它的构造函数在文件中的所有函数（包括 main 函数）执行之前调用。但是如果一个程序中有多个文件，而不同的文件中都定义了全局对象，则这些对象的构造函数的执行顺序是不确定的。当 main 函数执行完毕或调用 exit 函数时（此时程序终止），调用其析构函数。

（2）如果定义的是局部自动对象（例如在函数中定义对象），则在建立对象时调用其构造函数；如果对象所在的函数被多次调用，则在每次建立对象时都要调用构造函数，在函数调用结束，对象释放时先调用析构函数。

（3）如果在函数中定义了静态（static）局部对象，则只在程序第一次调用此函数建立对象时调用构造函数一次，在调用结束时对象并不被释放，因此也不调用析构函数，只在 main 函数结束或调用 exit 函数结束程序时，才调用析构函数。

总之，在一般情况下，调用析构函数的顺序正好与调用构造函数的顺序相反：最先被调用的构造函数，其对应的（同一对象中的）析构函数最后被调用，而最后被调用的构造函数，其对应的析构函数最先被调用，即"先构造的后析构，后构造的先析构"。

1.4 静态成员

1.4.1 静态数据成员

1. 静态数据成员的定义

静态数据成员是一种特殊的数据成员类型，它的定义以关键字 static 开头，被类的所有对象使用，所以只更新一次；同时，所有对象的静态数据成员可以更新，并且它们的值是相同的。

静态数据成员定义的格式如下：

```
static 类型名 静态数据成员名;
```

【例 1-20】 定义一个学生类 Student，其中包含的数据成员为学生的学号、姓名和成绩，以及学生总人数。代码如下：

```
1.    class Student
2.    {
3.        private:
4.        int num;
5.        string name;
6.        float score;
7.        static int total;
8.        public:
9.        Student(int n,string nam,float s);
10.       void show();
11.   };
```

注意：

（1）静态数据成员和普通数据成员一样遵从 public、private 和 protected 访问规则。

（2）静态数据成员不属于某一个对象，在为对象所分配的空间中不包括静态数据成员所占得空间，而是在所有对象之外单独开辟空间。

（3）一个类中可以有一个或多个静态数据成员，所有的对象都共享这些静态数据成员，都可以引用它。

2. 静态数据成员的初始化

因为静态数据成员是为类的各个对象共享的，所以静态数据成员不能在类的构造函数中初始化，只能在类体外初始化。

静态数据成员初始化的一般形式：

```
数据类型 类名::静态数据成员名=初值
```

例如：

```
int Box::height=10;
```

注意：不能用参数初始化表对数据成员初始化。

【**例 1-21**】 输出立方体的体积，使用静态数据成员。代码如下：

```cpp
1.    #include<iostream>
2.    using namespace std;
3.    class Box
4.    {
5.        public:
6.        Box(int,int);
7.        int volume();
8.        static int length;          //把 length 定义为公用的静态的数据成员
9.        int width;
10.       int height;
11.   };
12.   Box::Box(int w,int h)          //通过构造函数对其赋初值
13.   {
14.       width=w;
15.       height=h;
16.   }
17.   int Box::volume()
18.   {
19.       return (length * width * height);
20.   }
21.   int Box::length=20;
22.   int main()
23.   {
24.       Box b1(10,11),b2(15,16);    //建立两个对象
25.       cout<<b1.length<<endl;      //通过对象名引用静态数据成员
26.       cout<<b2.length<<endl;
27.       cout<<Box::length<<endl;    //通过类名引用静态数据成员
28.       cout<<"The volume of b1 is "<<b1.volume()<<endl;
29.       cout<<"The volume of b2 is "<<b2.volume()<<endl;
30.       return 0;
31.   }
```

运行结果如图 1-13 所示。

```
20
20
20
The volume of b1 is 2200
The volume of b2 is 4800

--------------------------------
Process exited after 0.4622 seconds with return value 0
请按任意键继续. . .
```

图 1-13   例 1-21 的运行结果

1.4.2 静态成员函数

既然数据成员可以定义为静态的,那么成员函数也可以定义为静态的。定义的格式如下:

static 返回类型 静态成员函数名 (参数表);

例如:

static int volume();

注意:

(1)静态成员函数是类的一部分而不是对象的一部分。如果要在类外调用公用的静态成员函数,要用类名和域运算符"::",其格式如下:

类名::静态成员函数名(实参表)

例如:

Box::volume();

也允许通过对象名来调用静态成员函数。其格式如下:

对象名.静态成员函数名(实参表);

例如:

b1.volume();

(2)静态成员函数必须在对象调用非静态成员数据的时候使用。

(3)静态成员函数可以直接调用静态成员数据。

【**例 1-22**】 统计学生平均成绩。使用静态成员函数。代码如下:

```
1.    #include<iostream>
2.    using namespace std;
3.    class Student
4.    {
5.        int num;
6.        int  age;
7.        float score;
8.        static float sum;
9.        static int count;
10.       public:
11.       Student(int n,int a,float s):num(n),age(n),score(s){}
12.       void total();
13.       static float average();
```

```
14.        };
15.        void Student::total()                //定义非静态成员函数
16.        {
17.            sum+=score;                      //计算总分
18.            count++;                         //统计总人数
19.        }
20.        float Student::average()             //定义静态成员函数
21.        {
22.            return (sum/count);
23.        }
24.        float Student::sum=0;
25.        int Student::count=0;
26.        int main()
27.        {
28.            Student stu[5]={
29.            Student(1000,18,93),
30.            Student(1001,19,67),
31.            Student(1002,19,79),
32.            Student(1003,20,82),
33.            Student(1004,18,62)
34.        };
35.        int n;
36.        cout<<"请输入学生个数(1~5):";
37.        cin>>n;                              //输入需要求前面多少名学生的平均成绩
38.        for (int i=0;i<=n;i++)
39.        stu[i].total();
40.        cout<<n<<"位学生的平均成绩为"<<Student::average()<<endl;
41.        return 0;
42.    }
```

运行结果如图 1-14 所示。

```
请输入学生个数（1~5）:2
2位学生的平均成绩为80

--------------------------------
Process exited after 2.23 seconds with return value 0
请按任意键继续. . .
```

图 1-14　例 1-22 的运行结果

1.5　友　　元

1.5.1　友元函数

友元函数不是当前类中的成员函数,它既可以是一个不属于任何类的一般函数,也可以是另外一个类的成员函数。将一个函数声明为一个类的友元函数后,不但可以通过对象名访问类的公有成员,而且可以通过对象名访问类的私有成员和受保护成员。

1. 非成员函数作为友元函数

使用非成员函数作为友元函数的格式如下:

friend 返回值类型 函数名(参数表)

2. 类的成员函数作为友元函数

使用类的成员函数作为友元函数格式如下:

friend 返回值类型 类名::函数名(参数表);

【**例 1-23**】 编写一个程序,输出年、月、日、时、分、秒。使得程序中的 display 函数作为类外的普通函数,并分别在 Time 类和 Date 类中将 display 声明为友元函数。在主函数中调用 display 函数,display 函数分别引用 Time 类和 Date 类对象的私有数据。代码如下:

```
1.    #include<iostream>
2.    using namespace std;
3.    class Time
4.    {
5.        public:
6.        Time(int,int,int);
7.        friend void display(Time &);
8.        private:
9.        int hour;
10.       int minute;
11.       int sec;
12.   };
13.   class Date
14.   {
15.       public:
16.       Date(int,int,int);
17.       friend void display(Date &);
18.       private:
19.       int month;
20.       int day;
21.       int year;
22.   };
23.   Time::Time(int h,int m,int s):hour(h),minute(m),sec(s){}
24.   Date::Date(int m,int d,int y):month(m),day(d),year(y){}
25.   void display(Time &t)
26.   {
27.       cout<<t.hour<<":"<<t.minute<<":"<<t.sec<<endl;}
28.       void display(Date &d)
29.   {
30.       cout<<d.month<<"/"<<d.day<<"/"<<d.year<<endl;
31.   }
32.   int main()
```

```
33.    {
34.        Time t1(19,05,10);
35.        display(t1);
36.        Date d1(4,17,2017);
37.        display(d1)
38.        return 0;
39.    }
```

运行结果如图 1-15 所示。

```
19:5:10
4/17/2017

------------------------------
Process exited after 2.43 seconds with return value 0
请按任意键继续. . .
```

图 1-15　例 1-23 的运行结果

1.5.2　友元类

不仅可以将函数声明为一个类的友元,而且可以将一个类声明为另一个类的友元。
声明友元类的一般格式如下:

```
friend 类名;
```

【例 1-24】　编写一个程序输出年、月、日、时、分、秒。将程序中的 Time 类声明为 Date
类的友元类,通过 Time 类中的 display 函数引用 Date 类对象的私有数据。代码如下:

```
1.     #include<iostream>
2.     using namespace std;
3.     class Time;
4.     class Date
5.     {
6.         public:
7.         Date(int,int,int);
8.         void display(Time &);
9.         private:
10.        int month;
11.        int day;
12.        int year;
13.    };
14.    class Time
15.    {
16.        public:
17.        Time(int,int,int);
18.        friend void Date::display(Time &);
19.        private:
20.        int hour;
21.        int minute;
```

```
22.       int sec;
23.    };
24.    Date::Date(int m,int d,int y):month(m),day(d),year(y){}
25.    Time::Time(int h,int m,int s):hour(h),minute(m),sec(s){}
26.    void Date::display(Time &t)
27.    {
28.        cout<<t.hour<<":"<<t.minute<<":"<<t.sec<<endl;
29.        cout<<month<<"/"<<day<<"/"<<year<<endl;
30.    }
31.    int main()
32.    {
33.        Time t1(19,13,30);
34.        Date d1(4,11,2017);
35.        d1.display(t1);
36.        return 0;
37.    }
```

运行结果如图 1-16 所示。

```
19:13:30
4/11/2017

--------------------------------
Process exited after 4.991 seconds with return value 0
请按任意键继续. . . ■
```

图 1-16　例 1-24 的运行结果

注意：友元的关系是单向的，不是双向的。友元的关系不能传递。

1.6　类　模　板

类模板是类定义的一种形式，它将类中的数据成员和成员函数的参数值或者返回值定义为模板，在使用中，该模板可以是任何数据类型。类模板不是指一个具体的类，而是指具有相同特性，但是成员的数据类型不同的一族类。

声明类模板的一般形式如下：

```
1.    template <class Ttype>
2.    class class_name
3.    {
4.    ...
5.    }
```

其中，Ttype 是一个标识符，代表所声明的类模板中参数化的类型名，当对该通用类实例化时，会被一个具体的类型代替。若有多个参数化的类型名，可将它们依次罗列，用逗号隔开。

```
class 标识符
```

其中,标识符为形式类型名,代表参数化的类型名。该标识符可以接受一个常量作为参数,常量的类型由"类型说明符"指定。

注意：模板类的成员函数必须是函数模板。一旦定义了类模板,就可以用如下的语句创建这个类的实例:

```
class_name <type>对象1,…,对象n;
```

其中,type为一个具体的数据类型名,与类模板声明中的形式类型名相对应,系统根据这个实际的数据类型生成所需的类,并创建该类的对象。

类模板定义对象格式如下:

```
类模板名<实际类型名>对象名;
类模板<实际类型名>对象名(实参表);
```

在类模板外定义成员函数格式如下:

```
template<class 虚拟类型参数>
函数类型 类模板名<虚拟类型参数>::成员函数名(函数形参表){}
```

【例1-25】 类模板的使用。代码如下:

```
1.      #include<iostream>
2.      #include<stdlib.h>
3.      using namespace std;
4.      struct student
5.      {
6.          int id;
7.          int score;
8.      };
9.      template <class T>
10.     class buffer
11.     {
12.         private:
13.         T   a;
14.         int empty;
15.         public:
16.         buffer();
17.         T get();
18.         void put(T  x);
19.     };
20.     template <class  T>
21.     buffer <T>::buffer():empty(0) {}
22.     template <class  T>
23.     T buffer <T>::get()
24.     {
25.             if ( empty==0 )
26.         {
27.             cout <<"the buffer is empty!"<<endl;
```

```
28.            exit(1);
29.       }
30.       return a;
31.   }
32.   template<class  T>
33.   void buffer<T>::put(T  x)
34.   {
35.       empty++;
36.       a=x;
37.   }
38.   int main()
39.   {
40.       student s={1022, 78};
41.       buffer<int>i1,i2;
42.       buffer<student>stu1;
43.       buffer<double>d;
44.       i1.put(13);
45.       i2.put(-101);
46.       cout <<i1.get() <<" "<<i2.get() <<endl;
47.       stu1.put(s);
48.       cout <<"the student's id is "<<stu1.get().id <<endl;
49.       cout <<"the student's score is "<<stu1.get().score <<endl;
50.       cout <<d.get() <<endl;
51.   }
```

运行结果如图 1-17 所示。

```
13 -101
the student's id is 1022
the student's score is 78
the buffer is empty!

--------------------------------
Process exited after 0.12 seconds with return value 1
请按任意键继续. . . ▪
```

图 1-17　例 1-25 的运行结果

本 章 小 结

（1）面向对象程序设计的基本特点有抽象性、封装性、继承性和多态性。面向对象程序设计充分体现了分解、抽象、模块化、信息隐蔽等思想，有效地提高了软件生产率、缩短软件开发时间、提高软件质量，是控制复杂度的有效途径。

（2）类的声明就是类的定义，类声明体内的函数和变量称为这个类的成员，分别称为成员函数和数据成员。使用类的函数时，一定要注意该函数的权限和作用域。类的成员函数用于描述类的行为和功能，是程序算法的具体实现，是对封装的数据进行操作的方法。类函数必须先在类体中做原型声明,然后再在类外定义。

(3) 对象是某个特定类型描述的实例。任何一个对象都应当具有属性(Attribute)和行为(Behavior)这两个要素。

(4) 构造函数是一种特殊的成员函数,构造函数的作用是为对象分配内存并初始化对象得到一个特定的状态。构造函数的名称必须与它所属的类名相同,应该被声明为公有函数且没有任何类型的返回值。构造函数在定义类对象时会由系统自动调用,不能像其他成员函数那样由用户直接调用。每个类都必须有构造函数,若类定义时没有定义任何构造函数,编译器会自动生成一个不带参数的默认构造函数。

(5) 析构函数也是类的成员函数,它的名字是在类名前加字符"～"。析构函数没有参数,也没有返回值,析构函数不能重载,所以一个类中只能定义一个析构函数并且应为public。析构函数可以在程序中被调用,也可由系统自动调用。

(6) 静态数据成员是一种特殊的数据成员类型,它的定义以关键字 static 开头,被类的所有对象使用,所以只更新一次;同时,所有对象的静态数据成员可以更新,并且它们的值是相同的。

(7) 友元函数不是当前类中的成员函数,它既可以是一个不属于任何类的一般函数,也可以是另外一个类的成员函数。将一个函数声明为一个类的友元函数后,不但可以通过对象名访问类的公有成员,而且可以通过对象名访问类的私有成员和受保护成员。

习　题　1

一、填空题

1. 面向对象程序设计的四大特征是_____、_____、_____和_____。

2. 类的_____只能被该类的成员函数或友元函数访问。

3. 如果在类的定义中既不指定 private 也不指定 public,则系统就默认为是_____。

4. 类的_____可以被类作用域内的任何对象访问。

5. 类的静态成员分为_____和_____。

6. 声明友元的关键字是_____。

二、选择题

1. 数据封装就是将一组数据和与这组数据有关的操作组装在一起,形成一个实体,这个实体就是(　　)。

   A. 数据块　　　　　　B. 对象　　　　　　C. 函数体　　　　　　D. 类

2. 类的实例化是指(　　)。

   A. 定义类　　　　　　　　　　　　B. 调用类的成员

   C. 创建类的对象　　　　　　　　　D. 指明具体类

3. 下面说法正确的是(　　)。

   A. 内联函数在编译时是将该函数的目标代码插入每个调用该函数的地方

   B. 内联函数在运行时是将该函数的目标代码插入每个调用该函数的地方

   C. 类的内联函数必须在类体外通过加关键字 inline 定义

   D. 类的内联函数必须在类体内定义

4. 有关构造函数的说法不正确的是(　　)。

　A. 构造函数的名字和类的名字一样

　B. 构造函数无任何函数类型

　C. 构造函数有且只有一个

　D. 构造函数在定义类变量时自动执行

5. 对于任意一个类,析构函数的个数最多为(　　)。

　A. 0　　　　　　　　B. 1　　　　　　　　C. 2　　　　　　　　D. 3

三、编程题

1. 定义一个三角形类,求三角形的面积和周长。

2. 定义一个时间类,可以输入时、分、秒,并按 24 小时输出时间。当输入的数据大于等于 60 时,即提示输入错误,并重新输入。

3. 定义一个 box 类,计算长方体体积和表面积。

4. 定义一个描述学生基本情况的类,输入学生姓名、学号、以及英语、数学、英语 3 门课程的成绩,并显示出姓名和学号、3 门课程成绩,并求出总成绩和平均成绩。

5. 在一个程序中,实现如下要求:

(1) 构造函数重载;

(2) 成员函数设置默认参数;

(3) 使用不同的构造函数创建不同的对象。

6. 某加油站 97 号汽油的单价为 6.84 元/升,93 号汽油的单价为 6.22 元/升。设计一个类,通过输入该加油站某天所加的两种汽油量,计算该加油站当天的总收入。

7. 友元计算两点之间的距离。

第 2 章　C++ 开发环境搭建及简介

【本章内容】

- Visual Studio 开发工具介绍；
- Visual Studio 平台搭建；
- 创建 C++ 项目；
- 断点调试和程序调试技巧。

本章主要介绍 Visual Studio 开发平台的软硬件要求及搭建与配置，然后通过一个 C++ 项目向读者演示 Visual Studio 平台下应用程序的开发过程，并且对 C++ 应用程序的构成进行介绍，主要目的是让读者了解 Visual Studio 平台的搭建及 C++ 应用程序的构成。

"工欲善其事，必先利其器"，用一个记事本去开发一个大型程序明显是不理智的，一个优秀的集成开发环境（Integrated Development Environment，IDE）能够大幅度地提高工作效率。在计算机软件飞速发展的今天，选择 Visual C++ 6.0 来开发 C++ 已经不是最佳选择，本书采用了美国微软（Microsoft）公司的 Visual Studio 2015 集成开发环境，本章将介绍它的搭建和使用。

2.1　Visual Studio 2015 开发环境

1. Visual Studio 介绍

Visual Studio(VS)是美国微软公司推出的开发环境。是目前最流行的 Windows 平台应用程序开发环境。Visual Studio 是一个基本完整的开发工具集，它包括了整个软件生命周期中所需要的大部分工具，例如 UML 工具、代码管控工具、集成开发环境（IDE）等。Visual Studio 可以用来创建 Windows 平台下的 Windows 应用程序和网络应用程序，也可以用来创建网络服务、智能设备应用程序和 Office 插件，目前已经可用来开发安卓及 iOS 平台的应用。

2. 搭建 Visual Studio 开发环境

Visual Studio 2015 有多个版本，本书选择微软开源且免费的社区版 Visual Studio Community 2015。首先，到微软官网下载 Visual Studio Community 2015 的安装包，下载地址为 https://www.visualstudio.com/zh-hans/downloads/。在该页面可以选择下载的版本，这里选择第一个 Visual Studio Community 2015，然后单击下载就可以，这里会下载一个名字为 vs_community_CHS__746963018.1488897863.exe 的可执行文件（具体下载文件名可能有所差异），需要联网进行在线安装，双击该文件就可以进入安装界面，如图 2-1 所示。

Visual Studio Community 2015 安装位置默认是 C 盘，在此选择了默认位置，具体安装位置自己可以改动，安装类型选择了自定义安装，由于 Visual Studio Community 2015 是一个集成了很多功能的 IDE，本书只用到的 C++ 的编译环境，所以选择自定义安装。确认选择没问题后单击"下一步"按钮，如图 2-2 所示。

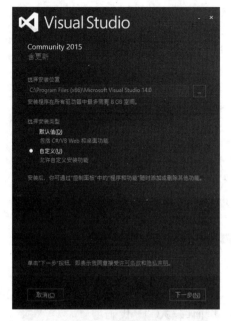
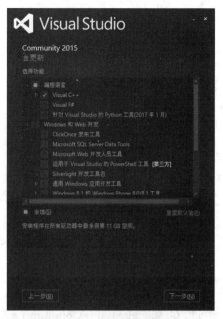

图 2-1 安装界面 　　　　　　　　　　　　　图 2-2 自定义安装界面

从图 2-2 可以看出，Visual Studio Community 2015 有非常多的功能，这里只选中 Visual C++，对于其他功能读者可以根据自己需求安装体验，下面直接单击"下一步"按钮就会进入联网在线安装，安装完毕后如图 2-3 所示。

图 2-3 Visual Studio 安装完成界面

单击"启动"按钮,进入 Visual Studio Community 2015 窗口,期间会提示用户选择软件的主题,根据自己的个人爱好选择即可,第一次的打开界面如图 2-4 所示。

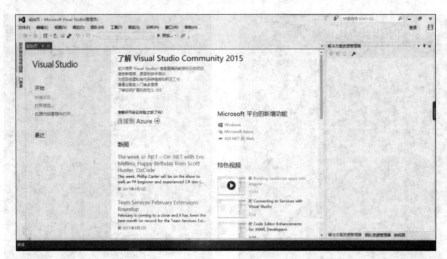

图 2-4　启动 Visual Studio Community 2015 后第一个界面

至此,Windows 系统下的 Visual Studio Community 2015 开发环境就已经全部搭建完毕,已经可以在 Visual Studio Community 2015 里面编写 C++ 代码了。

3. 其他

如果使用的是 Linux 系统,那么应该具有一定的编程基础,推荐使用 g++ 命令学习 C++ 语言,Linux 下的 g++ 编译 C++ 的命令如下:

```
$ g++ test.cpp -o test $ ./test
```

2.2　在 Visual Studio 2015 下创建 C++ 项目

从 20 世纪 70 年代起,学习编程语言一般都会从编写 Hello World 程序开始,在本节,也将讲述用 Visual Studio 2015 创建第一个 C++ 程序,并掌握一些调试程序的技巧。

创建第一个 C++ 项目的过程如下。

打开 Visual Studio 2015 后选择"新建项目"或者选择"文件"|"新建"|"项目"项,也可以按 Ctrl＋Shift＋N 键打开"新建项目"窗口,如图 2-5 所示。

然后选择 Visual C++ |"常规"|"空项目"项,项目的名称命名为 HelloWorld,如图 2-6 所示。

单击"确定"按钮,就创建了一个 C++ 项目,如图 2-7 所示。

刚创建完的项目还看不到代码编辑区,这是因为刚创建的是一个空项目,还得往里面添加代码。右击右侧"解决方案资源管理器"面板中的"源文件"结点,选择"新建"|"源代码"选项,在弹出的"添加新项 - HelloWorld"窗口中选择"C++ 文件(.cpp)",并将名称栏中填入"hello.cpp",如图 2-8 所示。

输入以下 C++ 代码:

图 2-5　"新建项目"窗口

图 2-6　给项目命名 Hello World 界面

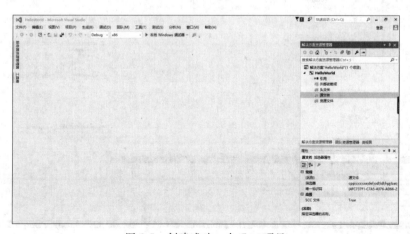

图 2-7　创建成功一个 C++ 项目

图 2-8　新建 hello.cpp 代码文件

```cpp
#include<iostream>
using namespace std;
int main()
{
    cout <<"Hello World!" <<endl;
    getchar();
    return 0;
}
```

这一段代码用于打印出 Hello World!,然后调用 getchar 函数等待输入一个字符,不然运行程序的结果会在屏幕上一闪而过,无法看清。选择"生成"|"生成解决方案"项,或者按 Ctrl+Shift+B 键,如果代码没有错误,则生成解决方案时会提示生成成功,否则会提示错误,如图 2-9 所示。

图 2-9　程序运行界面

选择"调试"|"开始调试"项，或者按 F5 键，会看到在控制台输出"Hello World！"字样。

2.3 断点调试和程序调试技巧

现在所有流行的 IDE 都拥有断点调试功能，通过断点调试，人们可以快捷、方便地找到程序的错误，看到程序运行过程中变量的变化，适于检查语法完全正确，代码逻辑错误的程序。例如，下面这段程序拥有两个函数，Compare 函数用于比较两个数的大小，如果 a ＞＝ b，就返回 1，否则返回－1。Display 函数用于在屏幕上输出 a～b 的所有整数。

```cpp
#include<iostream>
using namespace std;

int Compare(int, int);
void Display(int, int);

int main() {
    cout <<Compare(3, 4) <<endl;
    cout <<Compare(4, 3) <<endl;
    Display(0, 5);

    system("pause");
}

int Compare(int a, int b) {
    if (a >=b) {
        return -1;
    } else {
        return 1;
    }
}

void Display(int a, int b) {
    for (; a <b; a++) {
        cout <<a <<' ';
    }
    cout <<endl;
}
```

如果添加了两处错误，第一处使得 Compare 的返回值与函数功能恰好相反，第二处使得 Display 函数输出时不输出 b，在没有修改错误的情况下先运行一下程序，会得到如图 2-10 所示的输出结果。

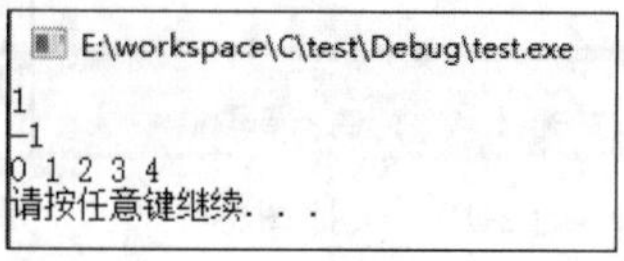

这是一个错误的输出结果。在编译没有问题的情况下这肯定是代码逻辑错误，因为两个函数的调用都产生结果错

图 2-10 错误程序的运行结果

误,所以需要给每个函数都添加一个断点。

添加断点的方式有两种。第一种是在要添加的行号前面的灰色区域单击;第二种是在所要添加的行右击,从弹出的快捷菜单中选择"断点"项。成功插入断点后,在这一行的最前面会有一个红色的圆点。在成功添加断点后,选择"开始调试"项或者按 F5 键。出现的界面如图 2-11 所示。

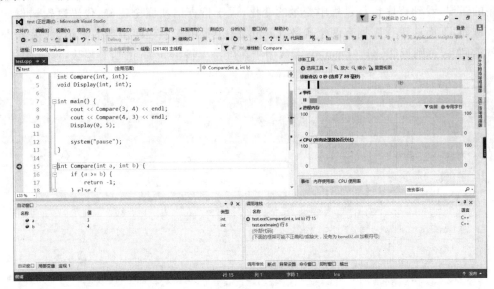

图 2-11　设置断点后的程序运行界面

在工具栏中会出现下面几个快捷图标,如图 2-12 所示。从左往右依次是显示下一语句、逐语句、逐过程、跳出和代码图功能。将鼠标停留在图标上时会提示功能和相对应的快捷键,在此不再赘述。

首先程序在第一个断点处暂停,在"自动窗口"面板中可以看到 Compare 函数传进来的参数是 a=3,b=4,按 F10 键或者单击"逐过程"按钮,可以看到在运行了第 16 行的 if 判断语句后直接跳转至第 19 行,函数功能里要求 a<b 时返回-1,而这里的返回值返回成了 1,很明显错误了,所以第一处错误已经找到;修改程序中的 return 语句,取消 Compare 函数的断点,再按 F5 键调试程序,就可以看到图 2-13 的输出结果,此时比较两个数大小的函数已经正确。

此时,可以在"自动窗口"面板中看到 Display 函数传进来的参数是 a=0,b=5;按 F10 键或者单击"逐过程"按钮,可以看到一次也没有执行 for 循环,"自动窗口"面板中 a 的值都会加 1,当执行前 5 次 for 循环时,都执行了输出语句,此时 a=4,第 6 次 for 循环时执行完后 a++语句直接跳出了循环,并没有输出 a,所以可以判断循环条件有问题,少了一个等号(=)。修改错误,取消断点,重新调试程序,即可得到如图 2-14 所示的正确结果。

→ ↓ ↓ ↑ ↓ 代码图

图 2-12　快捷图标

图 2-13　程序的运行结果

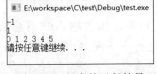

图 2-14　程序的运行结果

本 章 小 结

本章节介绍了微软的 Visual Studio 的开发工具的安装和基本使用方法。例如,怎样使用 Visual Studio 创建一个 C++ 项目,怎样使用断点调试功能寻找程序错误(Bug)。

习　题　2

1. 下载并安装微软的 Visual Studio 2015 的开发工具,熟悉软件的基本使用方法。

2. 使用 Visual Studio 2015 创建一个 C++ 工程文件,输入一段 C/C++ 程序代码,使用断点调试功能寻找程序错误,运行和调试程序。

第3章 程序的结构

【本章内容】
- 从 C 到 C++；
- C++ 的简单程序与使用；
- 程序结构与效率。

3.1 从 C 到 C++

3.1.1 概述

本章要求了解 C 和 C++ 的基本语法,掌握基础的程序结构和简单算法,并且能够编写简单的 C++ 程序。

3.1.2 C 语言的语法

C 和 C++ 的语法有很多共性,C++ 可以完全兼容 C 语言,使用 C 语言编写的程序可以在 C++ 的编译器上运行,C 和 C++ 混编的程序也可以在 C++ 的编译器上通过编译,反之则不一定可以,因为 C++ 有很多 C 语言标准没有定义的扩展内容。C 语言语法还有一定的代码规范,在命名方面,可以借用下画线和词汇做到简明表达功能的目的,使程序易读易懂;在语句方面,应该尽量每条语句单独占一行,增强程序的易读性。

1. 常见文件的扩展名

C 语言常见文件的扩展名有以下 3 种:

(1) .c 是 C 语言源文件,在编写代码时创建;

(2) .o 是目标文件,在编译成功时产生;

(3) .out 是可执行文件,在链接成功时产生。

2. 数据类型

数据类型是 C 语言数据结构的表达形式,选择合适的数据类型对程序来说是非常重要的。

(1) 基本类型。

① 整型。整型分为以下 6 种。

- 整型(int):长度为 4B(在 Turbo C 2.0 环境中长度为 2B),取值范围是 $-2147483648 \sim 2147483647$。
- 短整型(short int):长度为 2B,取值范围是 $-32768 \sim 32767$。
- 长整型(long int):长度为 4B,取值范围是 $-2147483648 \sim 2147483647$。
- 无符号整型(unsigned int):长度为 4B,取值范围是 $0 \sim 4294967295$。
- 无符号短整型(unsigned short int):长度为 2B。

• 无符号长整型(unsigned long int)：长度为4B。

不同的编译环境，整型数据在内存中所占的字节数不一样。可以使用 sizeof 运算符，确定整型数据在编译器中所占的字节数。例如：

```
int a;
```

表示定义一个类型为整型的变量 a。

```
sizeof(a);
```

表示计算变量 a 所占的字节数，等价于

```
sizeof(int)
```

② 字符型(char)。字符型包括中文字符、英文字符、数字字符和其他 ASCII 字符，一共 256 个字符。C 语言的任何一个字符都可以用转义字符来表示。例如：\101 表示字符'A'，\134 表示反斜杠(\)，\XOA 表示换行。

③ 浮点型。浮点型包括两种。

单精度(float)：长度为4B，取值为 $3.4\times10^{-38}\sim3.4\times10^{38}$，可提供 6～7 位有效数字。

双精度(double)：长度为8B，取值为 $1.7\times10^{-308}\sim1.7\times10^{308}$。

说明：printf 输出 float 和 double 都可以用%f，double 还可以用%lf。scanf 输入 float 用%f，double 输入用%lf，不能混用。

【例 3-1】 用 printf 语句输出一个 float 型和一个 double 型变量的和。代码如下：

```
1.      #include<stdio.h>
2.      int main()
3.      {
4.          float x1,x2;double y1,y2;
5.          x1=1111111111111.111111111;
6.          x2=2222222222222.222222222;
7.          y1=1111111111111.111111111;
8.          y2=2222222222222.222222222;
9.          printf("x1+x2=%f\ny1+y2=%lf\n",x1+x2,y1+y2);
10.     }
```

运行结果如图 3-1 所示。

```
x1+x2=3333333450752.000000
y1+y2=3333333333333.333000
_____
Process exited after 0.5264 seconds with return value 0
请按任意键继续...
```

图 3-1 运行结果

④ 枚举(enum)。枚举就是将一个变量可能存在的值都一一列举出来，变量的值只限于列举出来值的范围内。枚举类型的定义形式为：

```
enum typeName{valueName1,valueName2,…,valueNamen};
```

enum 是一个新的关键字，专门用来定义枚举类型，这也是它在 C 语言中的唯一用途；typeName 是枚举类型的名字；valueName1，valueName2，…，valueNamen 是每个值对应的名字列表。

例如，一个星期有 7 天，在此可以为每天定义一个名字并且为其赋值：

```
enum week{ Mon, Tues, Wed, Thurs, Fri, Sat, Sun};
```

因为枚举值默认从 0 开始，往后逐个加 1，所以 week 中的 Mon，Tues，…，Sun 对应的值分别为 $0,1,…,6$。

上述例子也可以写成：

```
enum week{ Mon=1, Tues=2, Wed=3, Thurs=4, Fri=5, Sat=6, Sun=7 };
```

也可以只给第一个变量指定值：

```
enum week{ Mon=1, Tues, Wed, Thurs, Fri, Sat, Sun };
```

这样枚举值就从 1 开始递增，week 中的 Mon，Tues，…，Sun 对应的值分别为 $1,2,…,7$。

定义枚举变量：

```
enum week a, b, c;
```

也可以在定义枚举类型的同时定义枚举变量：

```
enum week{ Mon=1, Tues, Wed, Thurs, Fri, Sat, Sun } a, b, c;
```

可以把列表中的值赋给枚举变量：

```
enum week{ Mon=1, Tues, Wed, Thurs, Fri, Sat, Sun };
enum week a=Mon, b=Wed, c=Sat;
```

或者

```
enum week{ Mon=1, Tues, Wed, Thurs, Fri, Sat, Sun } a=Mon, b=Wed, c=Sat;
```

（2）构造类型。

① array(数组)。为了方便处理数据，把具有相同类型的若干变量按有序的形式组织起来，这些按序排列的同类数据元素的集合称为数组。

一个数组包含多个数组元素，这些数组元素可以是基本数据类型或是构造类型。按数组元素的类型不同，数组又可分为数值数组、字符数组、指针数组、结构数组等各种类别。

数组的形式为

```
arrayName[index]
```

其中,arrayName 为数组名称,index 为下标。例如:

```
int a[4]
```

定义了一个数组长度为 4 的整型数组,它的名字是 a。数组中的每个元素都有一个序号,这个序号从 0 开始,而不是 1 开始,这个序号则是下标。使用数组元素时,指明下标即可,例如 a[0]表示第 0 个元素,a[2] 表示第 2 个元素。

提示:数组中每个元素的数据类型必须相同,对于 int a[4]每个元素都必须为 int 型。数组是一个整体,它的内存是连续的,表 3-1 是 int a[4]的内存示意表。

表 3-1　int a[4]的内存示意表

a[0]	a[1]	a[2]	a[3]

② struct(结构体)。C 语言提供了一种构造类型——结构体,用来处理一组类型不同或相同的数据。结构体的定义形式如下:

```
struct 结构体名
{
    结构体
};
```

结构体是一种集合,它里面包含了多个变量或数组,它们的类型可以相同,也可以不同,每个这样的变量或数组都称为结构体的成员。例如:

```
1.    struct stu
2.    {
3.        char * name;            //姓名
4.        int num;                //学号
5.        int age;                //年龄
6.        char group;             //所在学习小组
7.        float score;            //成绩
8.    };
9.    struct student
10.   {
11.       char * name;            //姓名
12.       int num;                //学号
13.       float score;            //成绩
14.   };
```

student 为结构体名,它包含了 3 个成员：name、num 和 score。结构体成员的定义方式与变量和数组的定义方式相同,只是不能初始化。

③ union(共用体)。在 C 语言中,有一种和结构体非常类似的语法,叫做共用体,又称

为联合体。它的定义格式如下：

```
union 共用体名
{
成员列表
};
```

结构体和共用体的区别在于，结构体的各个成员会占用不同的内存，互相之间没有影响；而共用体的所有成员占用同一段内存，修改一个成员会影响其余所有成员。结构体占用的内存大于等于所有成员占用的内存的总和（成员之间可能会存在缝隙），共用体占用的内存等于数据长度最长的成员占用的内存。

共用体的特点如下：

- 共用体使用了内存覆盖技术，即同一时刻只能保存一个成员的值。
- 在共用体变量中起作用的是最后一次存放的成员，在存入一个新成员后，原有成员就会失去作用。
- 共用体变量的地址和共用体中各成员的地址是同一地址。
- 不能对共用体变量名赋值，也不能企图引用变量名来得到一个值。
- 共用体类型可以出现在结构体类型的定义中，反之，结构体也可以出现在共用体类型的定义中。

共用体也是一种自定义类型，可以通过它来创建变量，例如：

```
1.    union data                          //定义一个名称为 date 的共用体
2.    {
3.        int n;                          //定义整型变量 n
4.        char c;                         //定义字符型变量 c
5.        double f;                       //定义双精度浮点型变量 f
6.    };
7.    union data a, b, c;                 //创建共用体变量 a,b,c
```

也可以在定义共用体的同时创建变量：

```
1.    union data
2.    {
3.        int n;
4.        char ch;
5.        double f;
6.    } a, b, c;
7.    union data
8.    {
9.        int n;
10.        char c;
11.        double f;
12.   } a, b, c;
```

如果后续程序不再定义新的变量，也可以将共用体的名字省略：

```
1.    union                          //省略共用体名字 date
2.    {
3.        int n;
4.        char ch;
5.        double f;
6.    } a, b, c;
```

（3）指针类型。想要理解指针的概念，首先必须要了解计算机中的数据都是存在内存中的，不同类型的数据在内存中占用的字节数不一样，例如整型 int 占用 4B 空间，为了正确的访问这些数据，必须为每个字节编上号码，就像每个人要有自己的名字（默认不重名）。每个字节的编号都是唯一的，根据编号可以很容易找到某个字节，这些编号被称为地址或者指针。

如果一个变量用来存放另一变量的地址，则称它为指针变量。指针变量可以存放基本类型数据的地址，也可以存放数组、函数以及其他指针变量的地址。使用指针变量时，应该对其进行初始化。常见指针变量的定义如表 3-2 所示。

表 3-2　常见指针变量的定义

定　　义	含　　义
int * p;	p 可以指向 int 类型的数据，也可以指向类似 int arr[n] 的数组
int * * p;	p 为二级指针，指向 int * 类型的数据
int * p[n];	p 为指针数组。[] 的优先级高于 *，所以应该理解为 int * (p[n]);
int(* p)[n];	p 为二维数组指针
int * p();	p 是一个函数，它的返回值类型为 int *
int(* p)();	p 是一个函数指针，指向原型为 int func() 的函数
void *	无类型指针，可以指向任何类型的数据

3. 输入输出函数

（1）printf。printf 有两种格式。

① 格式字符串（以 % 开头），形式如下：

```
printf(格式控制,输出表列)
```

② 非格式字符串（原样输出）组成，形式如下：

```
printf(输出表列)
```

例如：

```
1.    #include<stdio.h>
2.    int  main()
3.    {
4.        char ch='a';
```

```
5.        printf("请输出一个字符:\n");          //原样输出" "中的内容
6.        printf("%c",ch)                      //按%c的格式输出 ch 变量代表的内容
7.      }
```

（2）scanf。形式如下：

```
scanf(格式控制,地址表列)
```

例如：

```
1.    #include<stdio.h>
2.    int main()
3.    {
4.        int a;
5.        float b;
6.        double c;
7.        scanf("%d,%f,%lf",&a,&b,&c);
8.        //输入不同类型的变量 a,b,c 的值
9.    }
```

在以上程序中，将

```
scanf("%d,%f,%lf",&a,&b,&c);
```

改为

```
scanf("a=%d,b=%f,c=%lf",&a,&b,&c);
```

注意，此时输入时的格式应该和" "内的对应，即

```
a=1,b=1,c=1
```

在 scanf 函数中，"&"千万不能省略。

（3）putchar。putchar 等同于 printf(%c)，位于<stdio.h>中，形式如下：

```
putchar(字符变量)
```

【例 3-2】 用 putchar 输出不同字符变量的值。代码如下：

```
1.    #include<stdio.h>
2.    int main()
3.    {
4.        char a='B',b='o',c='k';              //定义 3 个字符变量并赋值
5.        //以下 4 行代表分别输出字符变量 a、b、c 的值
6.        putchar(a);
7.        putchar(b);
8.        putchar(b);
9.        putchar(c);
10.   }
```

运行结果如图 3-2 所示。

```
Book
────────────────────────────────────
Process exited after 0.1319 seconds with return value 0
请按任意键继续. . .
```

图 3-2　例 3-2 的运行结果

（4）getchar。getchar 等同于 scanf(％c,＆mchar)，形式如下：

```
getchar();
```

【例 3-3】　用 getchar 输入一个字符。代码如下：

```
1.    #include<stdio.h>
2.    int main()
3.    {
4.        char c;
5.        printf("请输入一个字符:");
6.        c=getchar();
7.        putchar(c);
8.    }
```

运行结果如图 3-3 所示。

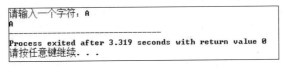

```
请输入一个字符: A
A
────────────────────────────────────
Process exited after 3.319 seconds with return value 0
请按任意键继续. . .
```

图 3-3　例 3-3 的运行结果

4. 语句

C 语言的程序功能部分是由各种执行语句实现的，基本语句可以分为 5 类：表达式语句、函数调用语句、控制语句、复合语句和空语句。

（1）表达式语句。表达式语句用于计算表达式的值，表达式语句由表达式和分号（;）组成。其一般形式如下：

```
表达式;
```

例如：

```
a=x+y;                        //赋值表达式语句
```

（2）函数调用语句。执行函数语句就是调用函数体并把实际参数赋给函数定义中的形式参数，然后执行被调用的函数体中的语句，求取函数值。函数调用语句由函数名、实际参数和分号（;）组成。其一般形式如下：

```
函数名(实际参数表);
```

例如：

```
printf("hello C++");                //调用 printf 函数
```

（3）控制语句。控制语句用于控制程序的流程，是三大程序结构的重要组成部分。控制语句分为 3 类。条件判断语句：if 语句和 switch 语句；循环执行语句：do…while 语句、while 语句和 for 语句；转向语句：break 语句、goto 语句、continue 语句和 return 语句。

（4）复合语句。用{ }把一些语句和声明括起来的语句，称为复合语句（又称语句块）。在程序中应把复合语句看成是一条语句，而不是多条语句。例如：

```
{a+b=c;k=i*j;}                      //这是一条复合语句
```

（5）空语句。只有分号（;）组成的语句称为空语句。空语句不执行任何操作，可用来作空循环体。例如：

```
while(getchar()!='\n');             //while 语句的循环体为空语句
```

5. 表达式与运算符

（1）逻辑运算符与逻辑表达式如表 3-3 所示。

表 3-3　逻辑运算符及其运算规则

值		逻辑非(!)		逻辑与(&&)	逻辑或(‖)
a	b	!a	!b	a&&b	a‖b
真	真	假	假	真	真
真	假	假	真	假	真
假	真	真	假	假	真
假	假	真	真	假	假

与运算符(&&)以及或运算符(‖)均为双目运算符，具有左结合性。非运算符(!)为单目运算符，具有右结合性。它们的优先级次序是"非→与→或"依次由高到低。

表示常量或者变量之间的逻辑关系的逻辑表达式形势如下：

```
表达式 逻辑运算符 表达式
```

例如：

```
a&&b&&c                            //表示变量a与b与c
```

（2）算术运算符与算术表达式如表 3-4 所示。

表 3-4　算术运算符

加	减	乘	除	自增	自减	求余
+	−	*	/	−−	++	%

＋＋i：i自增1后再参与其他运算。－－i：i自减1后再参与其他运算。i＋＋：i参与运算后,i的值再自增1。i－－：i参与运算后,i的值再自减1。

算术表达式：用算术运算符和括号将运算对象连接起来的式子称为算术表达式。

例如：

```
p=++i            //假设 i 的原值为 3,i 的值先加 1 变成 4 再赋给变量 p,p 为 4
q=i--            //将 i 的值 3 赋给变量 q,q 为 3,然后 i 的值加 1 变为 4
```

（3）关系运算符与关系表达式如表 3-5 所示。

表 3-5　关系运算符

大于	小于	等于	大于等于	小于等于	不等于
＞	＜	＝＝	＞＝	＜＝	！＝

关系运算符都是双目运算符,其结合性均为左结合。关系运算符的优先级低于算术运算符,高于赋值运算符。在 6 个关系运算符中,＜、＜＝、＞、＞＝的优先级相同,高于＝＝和！＝,＝＝和！＝的优先级相同。

关系表达式用于表示常量或者变量间的关系,合法的关系表达式如下：

表达式 关系运算符 表达式

例如：

a+b>i+j

（4）位操作运算符与位操作表达式如表 3-6 所示。

表 3-6　位操作运算符与位操作表达式

位与	位或	位非	位异或	左移	右移
＆	｜	～	＾	＜＜	＞＞

例如：

```
a&b;             //表示变量 a 位与变量 b
```

（5）赋值运算符与赋值表达式如表 3-7 所示。

表 3-7　赋值运算符与赋值表达式

简单赋值	＝				
复合算数赋值	＋＝	－＝	＊＝	／＝	％＝
复合位运算赋值	＆＝	｜＝	＾＝	＞＞＝	＜＜＝

赋值表达式用于对变量进行赋值的表达式。例如：a＝2 和 a＋＝b。

（6）条件运算符与条件表达式。

条件运算符(?：)：三目运算符,要求有 3 个操作对象。

条件表达式：用于表达 3 个变量或常量,在某一条件下进行赋值的表达式。形式如下：

表达式 1？　表达式 2：表达式 3

例如：

max=(a>b)？a：b   //如果 a>b 为真,则把 a 赋予 max,否则把 b 赋予 max

3.1.3　C++ 对 C 的扩充

1. 关于运算符的扩充

(1) 作用域运算符。C++ 提供作用域运算符(::),它能指定用户所需要的作用域。作用域,顾名思义,就是作用的领域。在 C++ 中,作用域运算符可以用来解决局部变量和全局变量重名的问题。局部变量是指在函数或模块内部定义的变量,其作用域为定义该局部变量的模块或函数内。全局变量是指在函数或者模块之外定义的变量,其作用域是整个程序。作用域运算符也可被用来访问命名空间中的名字。如果需要在局部变量的作用域内使用同名的全局变量,需要在该变量的前面加上“::”,此时“::num”就代表全局变量。

【例 3-4】　作用域运算符举例。代码如下：

```
1.    #include<iostream>                //使用头文件 iostream
2.    int avar;                         //定义一个全局变量 avar
3.    int main()
4.    {
5.        int avar;                      //定义一个同名的局部变量 avar
6.        avar=25;                       //将 25 赋值给局部变量 avar
7.        ::avar=10;                     //通过::将 10 赋值给全局变量
8.        std::cout<<"local avar="<<avar<<std::endl;
9.        //使用::访问命名空间 std 中 cout 和 endl,并且输出局部变量 avar 的值
10.       std::cout<<"global avar="<<::avar<<std::endl;
11.       //使用::访问命名空间 std 中 cout 和 endl,并且输出全局变量 avar 的值
12.       return 0;                      //main 函数要求必须返回 0
13.   }
```

运行结果如图 3-4 所示。

```
local avar = 25
global avar = 10

_____
Process exited after 4.258 seconds with return value 0
请按任意键继续. . .
```

图 3-4　例 3-4 运行结果

程序分析：在所有花括号之外定义的全局变量 avar,从声明语句开始,直到整个程序结束都可以被访问,而在 main 函数中定义的同名局部变量 avar,从声明语句开始,直到 main

函数结束都可以被访问,但在 main 函数之外则无法访问。

（2）动态分配/撤销内存运算符 new 和 delete。在 C 语言中 malloc 和 free 的作用分别是分配和撤销内存空间,但是 malloc 函数在使用时需要求出所需字节数,并且由于该函数是一个指针型函数,指针的基类型为 void,必须进行强制类型转换才能使返回的指针指向具体的数据。C++ 则提供了简便而功能较强的 new 和 delete 运算符取代 malloc 和 free 函数。

new 使用的一般格式如下:

```
new 类型[初值];
```

delete 使用的一般格式如下:

```
delete[]指针变量;
```

例如:

```
1.    new int(10);        //开辟一个存放整数的空间,并指定该整数的初值为 10
2.    float * pt=new char[10];
3.    //开辟一个存放字符数组的空间并指定该数组有 10 个元素
4.    //将返回的指向数组的指针赋给指针变量 pt
5.    float * p=new float(3.14);
6.    //开辟一个存放实数的空间,并指定该实数初值为 3.14
7.    //将返回的指向实型数据的指针赋给指针变量 p
8.    delete p;           //撤销上面用 new 开辟的实数空间
9.    delete []pt;        //在指针变量 pt 前加一对括号,表示撤销上面用 new 开辟的数组空间
```

2. 关于变量的扩充

（1）用 const 定义常变量。在 C 语言中常用宏定义符号常量,使用♯define 指令实现,例如:

```
#define PI 3.14159
```

即在系统预编译时将程序中出现的所有字符串 PI 置换成 3.14159,宏定义不分配存储单元。在 C++ 中可以使用 const 限定符定义常变量,const 对象一旦创建后就不能被改变,所以必须对其进行初始化。例如:

```
1.    const int bufsize=512; //定义整型变量 bufsize,并限定缓冲区的大小为 512
2.    bufsize=500;            /*试图改变 bufsize 的大小,由于上面 const 将 bufsize 限
                               定为 512 大小的常量,所以这是错误的,不能实现 */
3.    int a=50;               //定义一个整型变量 a,并且初始化为 50
4.    const int b=a;          //利用整型变量 a 初始化 b,将 b 初始化值为 50 的整型常量
5.    int j=b;                //用整型常量 b 初始化整型变量 j 也是合法的
```

（2）字符串变量。在 C++ 中不仅可以使用字符数组处理字符串,还可以使用另一种数据类型——string 类型。使用 string 类型需要使用 string 头文件,即应在文件开头加上"♯

include ＜string＞"。

例如：

```
string str1="hello";          //定义一个字符串变量 str1,并对其初始化,内容为 hello
string str2="love";           //定义一个字符串变量 str2,并对其初始化,内容为 love
```

字符串常量以"\0'作为结束符,所以字符串常量"love"共有 5 个字符,但使用字符串常量初始化字符串变量时,字符串变量就不包括\0'了,所以字符串变量 str2 中的字符为"love",共 4 个字符。

```
str2=str1;                    //将字符串变量 str1 复制给 str2
```

在定义字符串变量时不需要指定长度,其长度随初始化的字符串长度而改变,所以即使str1 与 str2 长度不一样,也可以进行这种复制,即 str2 变量的内容变为"hello"。

```
str1=str1+str2;               //连接 str1 和 str2,连接后 str1 为"hello love"
```

（3）变量的引用。在 C++ 中引用的作用是为变量起另一个名字,可以通过引用声明符"&"来实现这个功能。具体用法如下：

```
1.    int i;        //定义一个整型变量 i
2.    int j;        //定义一个整型变量 j
3.    int &a=i;     /＊声明 a 是一个整型变量的引用变量,被初始化为 i,即 a 是 i 的别名,它
                       们都代表同一变量＊/
4.    int &a=j;     //错误,a 已经是变量 i 的别名,不能再当作其他变量的别名
5.    int &a=1;     //错误,引用类型的初始值必须是一个对象
6.    double k;     //定义一个浮点型变量 k
7.    int &b=k;     /＊错误,此处引用类型的初始值应该是整型变量,而 k 在上一句中已经被
                       定义成浮点型变量＊/
```

3. C++ 的输入输出

在 C++ 中使用 cin 函数进行输入,cout 函数进行输出。输入输出函数都被定义在标准库 iostream 中,标准库中又包含两个基础类型 istream 和 ostream,分别表示输入和输出流,而 cin 函数和 cout 函数分别是这两个类型的对象。要想使用输入输出功能,需要在程序开始使用＃include＜iostream＞。cout 函数必须和插入运算符（＜＜）一起使用,cin 函数必须和提取运算符（＞＞）一起使用。

【例 3-5】 使用 cout 函数输出不同类型的数据。代码如下：

```
1.    #include<iostream>                         //使用头文件 iostream
2.    using namespace std;                       //使用命名空间 std
3.    int main()
4.    {int a=3;
5.    float b=3.14;
6.    char c='B';
```

```
7.      cout<<"a="<<a<<","<<"b="<<b<<","<<"c="<<c<<endl; //输出不同类型的数据
8.      return 0;
9.      }
```

运行结果如图 3-5 所示。

```
a=3,b=3.14,c=B

------------------------------------
Process exited after 0.2881 seconds with return value 0
请按任意键继续. . .
```

图 3-5 例 3-5 的运行结果

如果要指定输出所占的列数,可以使用控制符 setw 进行设置。例如 setw(5)的作用是为下一个输出项预留 5 列的空间,如果下一个输出项的长度不足 5 列,则输出项数据向右对齐,若超过 5 列则按实际长度输出。

【例 3-6】 修改例 3-5 的程序,观察运行结果。代码如下:

```
1.      #include<iostream>                    //使用头文件 iostream
2.      #include<iomanip>                     //使用头文件 iomanip,才能使用控制符 setw
3.      using namespace std;                  //使用命名空间 std
4.      int main()
5.      {
6.          int a=3;
7.          float b=3.14;
8.          char c='B';
9.          cout<<"a="<<setw(6)<<a<<endl<<"b="<<setw(6)<<b<<endl<<"c="<<
            setw(6)<<c<<endl;
10.         //输出不同类型的数据,并且指定输出项列数为6
11.         return 0;
12.     }
```

运行结果如图 3-6 所示。

```
a=     3
b=  3.14
c=     B

------------------------------------
Process exited after 0.4385 seconds with return value 0
请按任意键继续. . .
```

图 3-6 例 3-6 的运行结果

【例 3-7】 使用 cin 进行输入。代码如下:

```
1.      #include<iostream>
2.      using namespace std;
3.      int main()
4.      {
```

```
5.      int i;
6.      float j;
7.      cin>>"i="">>i>>"j="">>j;          //从键盘输入 i 和 j 的值,用空格隔开,如 1 1.1
8.      cout<<i<<","<<j<<endl;          //输出以上输入的值
9.      return 0;
10.   }
```

运行结果如图 3-7 所示。

```
1 1.1
i=1,j=1.1
_____
Process exited after 10.8 seconds with return value 0
请按任意键继续. . .
```

图 3-7　例 3-7 的运行结果

3.2　C++ 的简单程序使用

本节将介绍几个简单的 C++ 程序,并作出详细解释。

【例 3-8】　输出一行字符"Hello C++ !"。代码如下:

```
1.    #include<iostream>                    //使用 iostream 头文件
2.    using namespace std;                  //使用命名空间 std
3.    int main()                            //定义一个整型的 main 函数
4.    {
5.        cout<<"Hello C++!"<<endl;         //输出"Hello C++!"
6.        return 0;                         //若程序正常结束,则向系统返回 0
7.    }
```

运行结果如图 3-8 所示。

```
Hello C++!
_____
Process exited after 0.7247 seconds with return value 0
请按任意键继续. . .
```

图 3-8　例 3-8 的运行结果

程序分析:

在本例中,♯include 是一个预处理指令,它通常与头文件写在同一行,本例中用于告诉编译器要使用 iostream 库。

using namespace std 是指使用命名空间,如果要使用 C++ 标准库中的内容(如♯include 指令)则需使用"using namespace std",因为 C++ 标准库中的类和函数是在命名空间 std 中声明的。为了方便,在编写程序时,都可以在程序前面写上"using namespace std"。

接下来就是定义主函数。标准 C++ 规定,main 函数必须定义成 int 型(整型),同时需要在 main 函数最后一行加一句"return 0;"。如果程序执行正常,则向操作系统返回数值

0,否则返回 -1。

在 C++ 中可以使用 cout 进行输出,当然也可以用 printf 进行输出。输出语句最后的 "endl" 是控制符,作用是换行,与'\n'的作用相同。

【例 3-9】 输出字符变量经过运算后的值。代码如下:

```
1.    #include<iostream>
2.    using namespace std;
3.    int main()
4.    {
5.        char a='a',b='b',c='c',d=65;           //分别定义 4 个不同的字符变量
6.        cout<<a<<b<<c<<d<<endl;                //输出 4 个字符变量的原值
7.        a=a+1;
8.        b=b+2;
9.        c=c+3;
10.       d=d+4;
11.       cout<<a<<b<<c<<d<<endl;                //输出 4 个字符变量经过运算后的值
12.       return 0;                              //若程序正常结束,则向系统返回 0
13.   }
```

运行结果如图 3-9 所示。

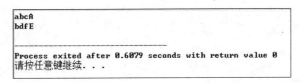

图 3-9　例 3-9 的运行结果

程序分析:以上程序是对 ASCII 码的一个简单了解,由于 ASCII 编码统一规定了所有的大写和小写字母,数字 0~9、标点符号,以及在美式英语中使用的特殊控制字符所用的二进制数。

4 个字符变量 abcd 的原值分别是"a,b,c,A",再进行加法运算,例如"a=a+1"表示变量 a 的值加 1,然后赋值给变量 a,此时变量 a 的值变为字符 b,以此类推,执行完所有表达式语句后,输出为"bdfE"。

【例 3-10】 任意输入两个数,并求这两个数的和。代码如下:

```
1.    #include<iostream>
2.    using namespace std;
3.    int main()
4.    {
5.        int i,j,sum;
6.        cin>>i>>j;                             //从键盘输入变量 i 和 j 的值,如 1 和 2
7.        cout<<"i="<<i<<"j="<<j<<endl;          //分别输出变量 i 和 j 的值
8.        sum=i+j;                               //变量 i 和 j 做加法运算后的值赋给变量 sum
9.        cout<<"i+j="<<sum<<endl;               //输出变量 sum 的值
```

```
10.        return 0;                        //若程序正常结束,则向系统返回 0
11.    }
```

运行结果如图 3-10 所示。

```
1 2
i=1,j=2
i+j=3

Process exited after 22.93 seconds with return value 0
请按任意键继续. . .
```

图 3-10　例 3-10 的运行结果

程序分析：这个程序的作用是求 i 和 j 的和 sum。在执行输入语句时,从键盘输入的第一个数据赋给变量 i,第二个数据赋给变量 j。执行表达式语句

```
sum=i+j;
```

时,先计算 i+j 的值,再将这个值赋值给变量 sum,这样就得到了两数之和,最后再执行输出语句就能在屏幕上显示出来。

【**例 3-11**】　从键盘输入两个整数 a 和 b,比较它们的大小并输出大者。代码如下：

```
1.     #include<iostream>
2.     using namespace std;
3.     int main()
4.     {
5.         int max(int x,int y);                //对 max 函数作声明
6.         int a,b,c;
7.         cin>>a>>b;
8.         c=max(a,b);                          //调用 max 函数
9.         cout<<"max="<<c<<endl;
10.        return 0;
11.    }
12.    int max(int x,int y)                     //定义 max 函数
13.    {
14.        int z;
15.        if(x>y)z=x;                          //if 判断语句
16.        else z=y;
17.        return (z);
18.    }
```

若输入 a,b 的值分别为 15,20,则运行结果如图 3-11 所示。

```
15 20
a=15,b=20,max=20

Process exited after 3.095 seconds with return value 0
请按任意键继续. . .
```

图 3-11　例 3-11 的运行结果

程序分析：比较两个数大小的问题相当于两个装满水的杯子交换各自的液体的问题，都需要通过第三方，即另一个变量或者另一个杯子才能解决。本程序包括两个函数，分别是主函数 main 和被调用的函数 max。其中函数 max 的作用是将 x 和 y 中较大的值赋给变量 z，变量 z 就相当于另一个杯子，作用是存放较大数。

使用函数 max 有几点需要注意，即需要为函数 max 作出声明，然后才可以对其进行定义，无论声明还是定义都需要指出其形式参数 x 和 y，在对其进行调用时将实际参数 a 和 b 的值分别传送给形参 x 和 y，此时系统会根据函数声明检查二者是否匹配，即实参和形参的个数或者类型是否一致，若一致则经过执行 max 函数得到一个返回值，即变量 z 的值，再把这个值赋值给 c。最后再输出 c 的值，这个值就是较大值。

3.3　程序结构与效率

3.3.1　顺序结构

顺序结构就是一条一条地从上到下执行语句，每条语句都会被执行，执行过的语句不会再次执行。

【例 3-12】　一元二次方程式 $ax^2+bx+c=0$ 的根为 x_1、x_2，求它们的值，其中 a、b 和 c 的值由键盘输入。代码如下：

```
1.    #include<iostream>
2.    #include<cmath>                              //使用头文件 cmath
3.    using namespace std;
4.    int main()
5.    {
6.        float a,b,c,x1,x2;
7.        cin>>a>>b>>c;
8.        x1=(-b+sqrt(b*b-4*a*c))/(2*a);           //这是求解 x1 的表达式语句
9.        x2=(-b-sqrt(b*b-4*a*c))/(2*a);           //这是求解 x2 的表达式语句
10.       cout<<"a="<<a<<",b="<<b<<",c="<<c<<endl<<"x1="<<x1<<",x2="<<x2
          <<endl;
11.       return 0;
12.   }
```

若输入 a、b、c 的值分别为 4.5、8.8 和 2.4，则运行结果如图 3-12 所示。

```
4.5 8.8 2.4
a=4.5,b=8.8,c=2.4
x1=-0.327612,x2=-1.62794
--------------------------------
Process exited after 17.94 seconds with return value 0
请按任意键继续. . .
```

图 3-12　运行结果

程序分析：由于程序中要用到数学函数 sqrt，所以需要使用头文件 cmath，也可以使用 C 语言的写法"math.h"。

顺序结构的程序在运行时,各条执行语句就是按顺序执行的。在定义了所需变量之后,进行输入操作,然后根据题目要求将数学表达式转换成合法的 C++ 表达式,再进行赋值操作,最后将两个值输出。

【例 3-13】 从键盘输入三角形的 3 条边长 a、b 和 c,计算三角形的面积 s。代码如下:

```
1.    #include<iostream>
2.    #include<cmath>
3.    using namespace std;
4.    int main()
5.    {
6.        int a,b,c;
7.        double p,s;
8.        cin>>a>>b>>c;
9.        cout<<"a="<<a<<",b="<<b<<",c="<<c<<endl;
10.       if (a<0||b<0||c<0)                    //判断边长是否都大于 0
11.       {
12.           cout<<"error"<<endl;
13.           return 1;
14.       }
15.       p=(a+b+c)/2;
16.       s=sqrt(p*(p-a)*(p-b)*(p-c));          //计算三角形面积的表达式语句
17.       cout<<"s="<<s<<endl;
18.       return 0;
19.   }
```

若输入 a、b、c 的值分别为 6、8 和 10 则运行结果如图 3-13 所示。

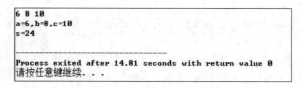

图 3-13　例 3-13 的运行结果

3.3.2　选择结构

选择结构就是根据条件来判断执行哪一条语句,如果给定的条件成立,就执行相应的语句,如果不成立,就执行其他的一些语句。理解选择结构,首先要了解 bool 类型(也叫 boolean 类型或布尔类型),它只有两个值,即真和假。判断表达式最终的值就是一个 bool 类型,这个判断表达式的 bool 值直接决定了选择结构该如何进行选择,循环结构如何进行循环。实现选择结构的语句有 if 语句和 switch 语句。

1. if 语句

if 单分支语句的格式如下:

```
if(bool 值 1)                    /* 如果 bool 值 1 为真则执行代码段 1,否则不执行代码段 1,而继续
                                    执行后面的程序 */
{
    代码段 1
}
...
```

if…else 双分支语句的格式如下:

```
if (bool 值 1)                   //如果 bool 值 1 为真,则执行代码段 1,否则执行代码段 2
{
    代码段 1
}
else
{
    代码段 2
}
```

if…else if 多分支语句的格式如下:

```
if (bool 值 2)                   //如果 bool 值 2 为真,则执行代码段 1,否则判断 bool 值 3 是否为真
{
    代码段 1
}
else if (bool 值 3)             //若 bool 值 3 为真则执行代码段 2,否则直接执行代码段 3
{
    代码段 2
}
else
{
    代码段 3
}
//开头的 if 和结尾的 else 都只能有一个,但是中间的 else if 可以有很多
```

2. switch 语句

switch 语句的格式如下:

```
switch(变量) //执行到这一句时,变量的值是已知的
{           /* switch case 语句执行时,会用该变量的值依次和各个 case 后的常数去对比,
               找到第一个匹配项 */
    case 1: //若变量的值是 1 则执行该 case 对应的代码段 1
    代码段 1;
    break;   //break 的作用是执行完当前 case 后跳出 switch 语句,不再执行后面其他 case
    case 2:
    代码段 2;
```

```
        break;
        …
        default:
        //若前面的 case 都未匹配,则 default 匹配,执行对应代码段 n
        代码段 n;
        break;
}
```

程序分析：case 后跟的数必须是整型常数;一般情况下,每个 case 代码段后都必须有一条 break 跳转语句,执行 break 语句后就跳出 switch 语句执行下一条语句;虽然语法上允许没有 default 语句,但为了提高容错力,建议书写。

【**例 3-14**】 输入两个数,比较大小并输出。代码如下:

```
1.    #include<iostream>
2.    using namespace std;
3.    int main()
4.    {
5.        int x,y;
6.        cin>>x>>y;
7.        cout<<"x="<<x<<","<<"y="<<y<<endl;
8.        if(x!=y)                //判断变量 x 和变量 y 是否相等,若不相等则执行后面的语句
9.        if(x>y) cout<<x<<">"<<y<<endl; //判断变量 x 是否大于 y,若大于则输出 x>y
10.       else cout<<x<<"<"<<y<<endl;    //否则输出 x<y
11.       else cout<<x<<"="<<y<<endl;    //否则输出 x=y
12.       return 0;
13.   }
```

若输出变量 x 和 y 的值分别为 1 和 2,则运行结果如图 3-14(a)所示,若输出变量 x 和 y 的值均为 1,则运行结果如图 3-14(b)所示。

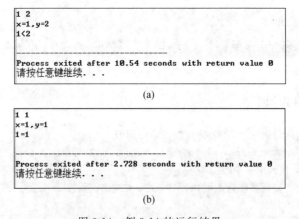

(a)

(b)

图 3-14 例 3-14 的运行结果

【**例 3-15**】 用 switch case 语句实现输入常数后输出对应的字母。代码如下:

```
1.    # include<iostream>
2.    using namespace std;
3.    int main()
4.    {
5.        int num;
6.        cout<<"请输入常数:"<<endl;
7.        cin>>num;
8.        cout<<"num="<<num<<endl;
9.        switch(num)
10.       {
11.           case 1:
12.               cout<<"a\n"<<endl;
13.               break;
14.           case 2:
15.               cout<<"b\n"<<endl;
16.               break;
17.           case 3:
18.               cout<<"c\n"<<endl;
19.               break;
20.           case 4:
21.               cout<<"d\n"<<endl;
22.               break;
23.           default:
24.               cout<<"输入的常数有误"<<endl;
25.               break;
26.       }
27.       return 0;
28.   }
```

若输入常数 1,则运行结果如图 3-15 所示。

```
请输入常数:
1
num=1
a


-----------------------------------
Process exited after 37.41 seconds with return value 0
请按任意键继续. . .
```

图 3-15 例 3-15 的运行结果

【例 3-16】 判断一个输入的正整数为奇数还是偶数。代码如下:

```
1.    # include<iostream>
2.    using namespace std;
3.    int main()
4.    {
```

```
5.        int a,b;
6.        cout<<"请输入一个正整数:"<<endl;
7.        cin>>a;
8.        cout<<"a="<<a<<endl;
9.        b=a%2;                //a除以2取余的值赋值给b
10.       if(b==1)             //判断代表余数的变量b是否为1,若是1则输出该数为奇数
11.            {
12.                cout<<"该数为奇数"<<endl;
13.            }
14.       else                 //余数b不为1则输出该数为偶数
15.       cout<<"该数为偶数"<<endl;
16.       return 0;
17.   }
```

若输入正整数 12,则运行结果如图 3-16 所示。

```
请输入一个正整数:
12
a=12
该数为偶数

------------------------------------
Process exited after 14.73 seconds with return value 0
请按任意键继续. . .
```

图 3-16　例 3-16 的运行结果

【例 3-17】　判断某一年是否为闰年。代码如下:

```
1.    #include<iostream>
2.    using namespace std;
3.    int main()
4.    {
5.        int year;
6.        bool leap;                        //定义一个bool型的变量leap
7.        cout<<"请输入年份:"<<endl;        //提示输入年份
8.        cin>>year;                        //输入年份
9.        if (year%4==0)                    //年份能被4整除
10.       {
11.           if(year%100==0)              //年份能被4整除又能被100整除
12.           {
13.               if (year%400==0)         //年份能被4整除又能被400整除
14.                   leap=true;          //闰年,令leap=true(真)
15.               else
16.                   leap=false;
17.           }                            //非闰年,令leap=false(假)
18.           else                         //年份能被4整除但不能被100整除肯定是闰年
19.               leap=true;
```

```
20.        }                            //是闰年,令 leap=true
21.        else                         //年份不能被 4 整除肯定不是闰年
22.            leap=false;              //若为非闰年,令 leap=false
23.        if (leap)
24.            cout<<year<<"年是";       //若 leap 为真,就输出年份和"是"
25.        else
26.            cout<<year<<"年不是 ";    //若 leap 为真,就输出年份和"不是"
27.        cout<<"一个闰年"<<endl;        //输出"闰年"
28.        return 0;
29.    }
```

若输入 2000,则运行结果如图 3-17 所示。

```
请输入年份:
2000
2000年是 一个闰年

------------------------------------
Process exited after 12.34 seconds with return value 0
请按任意键继续. . .
```

图 3-17　例 3-17 的运行结果

【例 3-18】　判断输入的月份有多少天。代码如下:

```
1.    #include<iostream>
2.    using namespace std;
3.    int main()
4.    {
5.        int month,day;
6.        cout<<"请输入 1~12 的月份:"<<endl;
7.        cin>>month;
8.        cout<<"month="<<month<<endl;
9.        switch(month)
10.       {
11.           case 2:day=28;break;
12.           case 4:day=30;break;
13.           case 6:day=30;break;
14.           case 9:day=30;break;
15.           case 11:day=30;break;
16.           default:day=31;break;
17.       }
18.       cout<<"这个月有"<<day<<"天"<<endl;
19.       return 0;
20.   }
```

若输入 2,则运行结果如图 3-18 所示。

```
请输入1~12的月份:
2
month=2
这个月有28天

--------------------------------
Process exited after 11.78 seconds with return value 0
请按任意键继续. . .
```

图 3-18   例 3-18 的运行结果

程序分析：if 语句和 switch 语句的区别是，if 语句适用于条件较复杂，但是分支比较少的情况，switch 语句适用于条件简单，但是分支较多的情况。通常，会在适合使用 switch 语句的情况下优先使用 switch 语句，如果不适合则使用 if 语句。

3.3.3   循环结构

循环结构就是在达到指定条件前，一直重复执行某些语句。实现循环结构的语句有 3 种：for 语句、while 语句和 do…while 语句。

1. for 语句

格式如下：

```
for (循环控制变量初始化；循环终止条件；循环控制变量增量)
{
循环体
}
```

循环执行步骤如下：

第 1 步，先进行循环控制变量初始化；

第 2 步，执行循环终止条件，如果判断结果为真，则执行第 3 步，如果为假则循环终止并退出；

第 3 步为执行循环体；

第 4 步，执行循环控制变量增量，再执行第 2 步。

注意：for 循环()中的 3 个部分，除了循环终止条件，其他两部分都可以省略，写成空语句，但在标准的 for 循环中，应该把循环控制变量的初始化，增量都放在()当中，并且在循环体中绝对不能更改控制变量。

2. while 语句

格式如下：

```
循环控制变量初始化
while(循环终止条件)
{
循环体
循环控制变量增量
}
```

循环执行步骤如下：

第 1 步,在 while 语句之前先进行循环控制变量初始化;

第 2 步,判断循环终止条件,如果判断结果为真,则进入第 3 步,如果为假则不执行循环体;

第 3 步,执行循环体;

第 4 步,执行循环控制变量增量,再执行第 2 步。

3. do…while 语句

格式如下:

```
循环控制变量初始化
do
{
循环体
循环控制变量增量
}while (循环终止条件);
```

循环执行步骤如下:

第 1 步,在 do…while 之前先进行循环控制变量初始化;

第 2 步,执行循环体;

第 3 步,执行循环控制变量增量;

第 4 步,判断循环终止条件,如果判断结果为真,则返回第 2 步;如果为假则直接退出循环。

while 循环是先判断后执行,do…while 循环是先执行后判断,等循环一次之后,其实都是一样的。

【例 3-19】 计算 $1+2+3+\cdots+10$ 的值。代码如下:

```
1.    #include<iostream>
2.    using namespace std;
3.    int main()
4.    {
5.        int i, sum;
6.        for (i=0,sum=0; i<=10; i++)          //用 for 循环控制累加过程
7.        {
8.            sum +=i;                          //累加实现的具体表达式
9.        }
10.       cout<<"1+2+3+4+5+6+7+8+9+10="<<sum<<endl;//输出结果
11.       return 0;
12.   }
```

运行结果如图 3-19 所示。

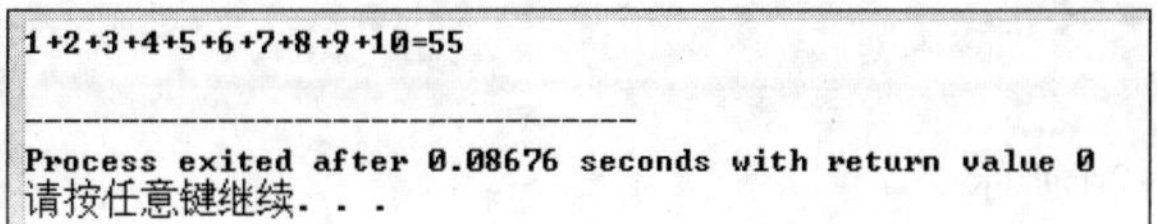

```
1+2+3+4+5+6+7+8+9+10=55
--------------------------------
Process exited after 0.08676 seconds with return value 0
请按任意键继续. . .
```

图 3-19 例 3-19 的运行结果

【例 3-20】 使用 while 计算 100 以内所有奇数的和。代码如下：

```
1.    #include<iostream>
2.    using namespace std;
3.    int main()
4.    {
5.        int i, sum;
6.        i=1;
7.        sum=0;
8.        while(i<100)                    //while 循环控制变量 i 在 100 以内执行循环体
9.        {
10.           cout<<"i="<<i<<endl;      //输出 100 以内的所有奇数
11.           sum +=i;                    //累加 100 以内的奇数，求和
12.           i +=2;                      //控制 i 为奇数的表达式
13.        }
14.       cout<<"sum="<<sum<<endl;      //输出 100 以内的奇数和
15.       return 0;
16.   }
```

运行结果如图 3-20 所示。

【例 3-21】 使用 do…while 语句计算 100 以内所有奇数的和。代码如下：

```
1.    #include<iostream>
2.    using namespace std;
3.    int main()
4.    {
5.        int i, sum;
6.        i=1;
7.        sum=0;
8.        do
9.        {
10.           cout<<"i="<<i<<endl;
11.           sum +=i;
12.           i +=2;
13.        }while(i <100);
14.       cout<<"sum="<<sum<<endl;
15.       return 0;
16.   }
```

运行结果如图 3-20 所示。

【例 3-22】 计算两个数的最大公约数。代码如下：

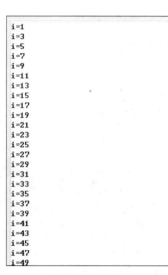

```
i=1
i=3
i=5
i=7
i=9
i=11
i=13
i=15
i=17
i=19
i=21
i=23
i=25
i=27
i=29
i=31
i=33
i=35
i=37
i=39
i=41
i=43
i=45
i=47
i=49
```

(a) 前半部分结果

```
i=51
i=53
i=55
i=57
i=59
i=61
i=63
i=65
i=67
i=69
i=71
i=73
i=75
i=77
i=79
i=81
i=83
i=85
i=87
i=89
i=91
i=93
i=95
i=97
i=99
sum =2500
--------------------------------
Process exited after 0.06017 seconds with return value 0
请按任意键继续. . .
```

(b) 后半部分结果

图 3-20 例 3-20 的运行结果

```
1.    #include<iostream>
2.    #include<math.h>
3.    using namespace std;
4.    int main()
5.    {
6.        int temp;
7.        int a,b;
8.        cin>>a>>b;
9.        cout<<"a="<<a<<",b="<<b<<endl;
10.       if(a<b)                          //交换两个数,把大数赋值给 a
11.       {
12.           temp=a;
13.           a=b;
14.           b=temp;
15.       }
16.       while(b!=0)                       //利用辗转相除法,直到 b 为 0 为止
17.       {
18.           temp=a %b;
19.           a=b;
20.           b=temp;
21.       }
22.       cout<<"最大公约数是"<<a<<endl;
23.       return 0;
24.    }
```

若输入 6 和 9 两个数,则运行结果如图 3-21 所示。

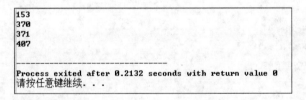

```
6 9
a=6,b=9
最大公约数是3

_____
Process exited after 7.392 seconds with return value 0
请按任意键继续. . .
```

图 3-21 例 3-22 的运行结果

【**例 3-23**】 打印 100～999 所有的"水仙花数"。所谓"水仙花数"是指一个三位数,其各位数字立方和等于该数本身,例如 $153＝1^3＋5^3＋3^3$。代码如下:

```
1.    #include<iostream>
2.    using namespace std;
3.    int main()
4.    {
5.        int num,p,t,q,flag;
6.        for(int i=100;i<1000;i++)
7.        {
8.            p=i/100;
9.            t=i%100/10;
10.           q=i%10;
11.           flag=p*p*p+t*t*t+q*q*q;
12.           if(flag==i)
13.           {
14.               cout<<i<<endl;
15.           }
16.       }
17.       return 0;
18.   }
```

运行结果如图 3-22 所示。

```
153
370
371
407

_____
Process exited after 0.2132 seconds with return value 0
请按任意键继续. . .
```

图 3-22 例 3-23 的运行结果

【**例 3-24**】 利用双重 for 循环实现图 3-23 所示的金字塔图形。

图 3-23 金字塔图形

代码如下：

```
1.      #include<iostream>
2.      using namespace std;
3.      int main()
4.      {
5.          int i,j,k;
6.          for(i=1;i<=5;i++)                    //控制行数的循环
7.          {
8.              for(j=1;j<=5-i;j++)              //控制输出 5-i 个空格
9.                  cout<<"";
10.             for(k=1;k<=2*i-1;k++)           //控制输出 2i-1 个星号
11.                 cout<<" * ";
12.                 cout<<"\n";
13.         }
14.         return 0;
15.     }
```

运行结果如图 3-24 所示。

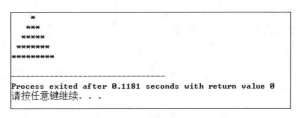

图 3-24　例 3-24 的运行结果

由以上例子可以看出，使用嵌套循环结构时，要注意内层循环要被完全包裹在外层循环中，不得交叉，并且内、外层循环的循环控制变量最好不要相同，否则可能造成程序混乱。外层循环执行一次，内层循环要执行若干次，即只有内层循环结束后才进入到外层循环。

本 章 小 结

在本章中，学习了数据类型和变量的用法，认识了一些常用的函数，学习了各类运算符和表达式的使用，数据的输入和输出以及程序的 3 种结构。其中数据的输入输出、程序的结构是本章的学习重难点。

（1）C++ 可以完全兼容 C 语言，同时 C++ 在运算符和变量等方面都对 C 语言有所扩充。

（2）选择结构程序的两种基本结构包括 if 语句和 switch 语句，if 语句又有 3 种形式：if 单分支、if…else 双分支和 if…else…if 多分支；switch 语句根据条件从多分支操作中选择一个或多个来执行，但一定要注意合理使用 break。

（3）在 for、while 和 do…while 这 3 种循环中，在循环次数确定的情况下，用 for 循环比较方便。While 循环和 for 循环都要先判断条件再执行循环体，因此，有可能一次也不执行循环体。而 do⋯while 循环不论怎样都会先执行一次循环体。

习　题　3

一、填空题

1. 在 C++ 中，分别用_____和_____表示逻辑"真"和"假"。

2. 设 a＝1,b＝2,c＝3,写出表达式：(a＞b)＆＆!c||1 的值_____。

3. 已知字母 A 的 ASCII 码值是 65,字母 a 的 ASCII 码值是 97,则八进制表示的字符常量'\101'是_____。

4. 若有语句

```
char c='\72';
```

则变量 c 包含_____个字符。

二、选择题

1. if 语句后的一对圆括号中,用以决定分支流程的表达式(　　)。

    A. 只能用逻辑表达式

    B. 只能用关系表达

    C. 只能用逻辑表达式或关系表达式

    D. 可用任意表达式

2. 为了结束 while 语句构成的循环,while 后一对括号中表达式的值应为(　　)。

    A. 0　　　　　　　B. 1　　　　　　　C. true　　　　　　　D. 非 0

3. if 语句嵌套时,if 与 else 的配对关系是(　　)。

    A. 每个 else 总是与它前面最近的 if 配对

    B. 每个 else 总是与最外的 if 配对

    C. 每个 else 与 if 的配对是任意的

    D. 每个 else 总是与它前面的 if 配对

三、编程题

1. 求下列分数序列前 15 项之和。

$$2/1,3/2,5/3,8/5,13/8,\cdots$$

2. 将一个长度为 n 的字符串解密输出。译密码的规则是,将字母 A 变成字母 D,字母 a 变成字母 d,即当前字母变成其后的第 3 个字母,电文中若出现非字母字符,则保持不变。

第4章 函　　数

【本章内容】

- 函数的基本知识;
- 系统函数的调用;
- 函数的参数和函数的值;
- 函数的调用;
- 函数和数组;
- 函数和结构体;
- 函数和字符串;
- 函数指针;
- 函数和对象。

C++ 自带了一个大型的函数库,要达到最终目的,仅靠系统给出的标准函数库是不够的。有时候需要根据实际要求,写出一个适合自己使用的函数。

4.1　函数的基本知识

4.1.1　概述

在数学领域,函数是一种关系,这种关系使一个集合里的每一个元素对应到另一个(可能相同的)集合里的唯一元素。在 C 和 C++ 中,一个程序由多个模块组成,函数是面向对象程序设计中的基本单元。使用函数可以省去重复代码的编写,一个函数可以被一个或者多个函数调用多次,减少编程的工作量,提高了效率。

4.1.2　函数定义的一般形式

函数定义的一般形式如下:

```
<类型标识符><函数名说明符>(形式参数表)
{
    说明性语句序列;
    实现函数功能的语句系列;
}
```

说明:

函数头是指上述格式中的＜类型标识符＞ ＜函数名说明符＞(形式参数表)。其中函数名可由函数设计者命名,遵守标识符的命名规则:同一个函数中函数名必须唯一(唯一的例外是,主函数必须命名为 main)。

函数体是指上述格式中被一对花括号括起的复合语句部分。该函数所应实现的功能由相应的复合语句完成，当声明部分和语句都没有时称为"空函数"，没有实际作用。

函数头部分的类型标识符规定了函数的返回值类型。函数的返回值是返回给主调函数的处理结果，由函数体部分的 return 语句带回。例如

```
return a
```

用于无返回值的函数，其类型标识符为 void，不必有 return 语句。函数头部分的形式参数（简称形参），只能是变量，每个形参前要有类型名；定义的函数没有参数时，称为无参函数。

例如：

```
void simple()
{ }
```

4.2 系统函数的调用

4.2.1 使用 cout

在 C++ 中，常用 cout 来表示输出，用"<<"运算符从输出流取得数据并送到输出设备中，cout 要与"<<"配合使用。

【例 4-1】 编写程序，输出"Hello World!" 代码如下：

```
1.    #include<iostream>
2.    using namespace std;
3.    int main()
4.    {
5.        cout<<"Hello World!"<<endl;
6.        return 0;
7.    }
```

运行结果如图 4-1 所示。

```
Hello World!
--------------------------------
Process exited after 0.7165 seconds with return value 0
请按任意键继续...
```

图 4-1 例 4-1 的运行结果

与 C 语言不同，C++ 中用"cout<<"表示语句的输出，其一般格式如下：

```
cout<<表达式 1<<表达式 2 ...;
```

"<<"看上去像 C 语言中的左移运算符，但是在 C++ 中，"<<"表示插入，它的作用是将把字符串发送给 cout，把指定的信息送到输出设备上。

endl 是特殊的 C++ 符号，它表示重起一行。在输入输出流中 endl 将导致屏幕光标移

到下一行开头。endl 与 c 中的换行符'\n'同等作用,'\n'在 C++ 中同样使用。例如:

```
cout<<"sky is blue"<<endl;
cout<<"sky is blue\n";
```

当使用字符串常量时,要用双引号把字符串引起来,以便将它和变量名明显的分开。

【例 4-2】 编写程序区分变量输出和字符串输出,代码如下:

```
1.     #include<iostream>
2.     using namespace std;
3.     int main()
4.     {
5.         int hello=1;
6.         cout<<hello<<endl;
7.         cout<<"hello"<<endl;
8.         return 0;
9.     }
```

运行结果如图 4-2 所示。

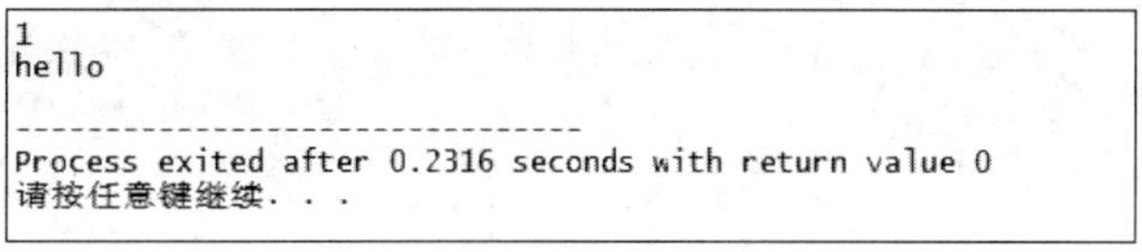

```
1
hello
--------------------------------
Process exited after 0.2316 seconds with return value 0
请按任意键继续. . .
```

图 4-2　例 4-2 的运行结果

4.2.2　使用 cin

在 C++ 中,将数据从一个对象到另一个对象的流动称为"流"。用">>"运算符从输入设备取得数据并送到输入流 cin 中,cin 要与">>"配合使用。例如:

```
int a,b;
```

(1)

```
cin>>a>>b;
```

输入:

```
1 2                    //注意 1 和 2 之间要有空格
```

运行结果:a 为 1,b 为 2。

(2)

```
cin>>a;
cin>>b;
```

输入：

```
1
2
```

运行结果：a 为 1，b 为 2。

4.2.3　输出的基本格式

C++ 为输入输出提供了一些格式控制的功能。默认情况下，系统约定的输入的整型数是十进制数据。当要输入十六进制、八进制时，在 cin 中必须指明相应的数据类型；oct 为八进制、hex 为十六进制、dec 为十进制。

【例 4-3】　编写程序，将变量 a 的值以不同进制值的形式逐行输出。代码如下：

```
1.     #include<iostream>
2.     using namespace std;
3.     int main()
4.     {
5.         int a=16;
6.         cout<<hex<<a<<endl;              //以十六进制形式输出数据
7.         cout<<oct<<a<<endl;              //以八进制形式输出数据
8.         cout<<dec<<a<<endl;              //以十进制形式输出数据
9.         return 0;
10.    }
```

运行结果如图 4-3 所示。

```
10
20
16

--------------------------------
Process exited after 0.1931 seconds with return value 0
请按任意键继续. . .
```

图 4-3　例 4-3 的运行结果

程序分析：C++ 提供了控制符，用于对 I/O 流的格式进行控制。控制符是在头文件 iomanip.h 中预定义的对象，可直接插在输入输出流中。使用控制符，要在源文件中添加 #include<iomanip>预处理命令。

【例 4-4】　读程序，写出运行结果。

```
1.     #include<iostream>
2.     #include<iomanip>
3.     using namespace std;
4.     int main()
5.     {
6.         double a=3.14159;
7.         cout<<a<<endl;
```

```
8.          cout<<setw(10)<<a<<endl;
9.          cout<<setw(10)<<setprecision(3)<<a<<endl;
10.         cout<<setiosflags(ios::left)<<setw(10)<<a<<endl;
11.         cout<<setiosflags(ios::right)<<setw(10)<<a<<endl;
12.         cout<<setfill('*')
13.             <<setw(5)<<a<<endl
14.             <<setw(10)<<a<<endl;
15.         return 0;
16.     }
```

运行结果如图 4-4 所示。

```
3.14159
   3.14159
      3.14
3.14
      3.14
*3.14
******3.14

------------------------------
Process exited after 0.2342 seconds with return value 0
请按任意键继续. . .
```

图 4-4　例 4-4 的运行结果

程序分析：

使用控制符 setw(10)，其中 10 为域宽。

使用 setprecision(3)设置显示小数精度为 3 位。

setiosflags(ios::left)、setiosflags(ios::right)分别表示输出的数据靠左和靠右对齐。

使用控制符 setfill('*')来设置填充符号为"*"，当用 setw(10)来设置域宽为 10 个字符时前面多余的空间用"*"来填充。

表 4-1 所示为常用的控制符。

表 4-1　常用的控制符

控　制　符	描　　述
endl	插入换行符并刷新流
dec	数值数据采用十进制表示(默认)
oct	数值数据采用八进制表示
hex	数值数据采用十六进制表示
setw(n)	设域宽为 n 个字符
setfill('c')	设填充字符为 c(默认空格)
setprecision(n)	设显示小数精度为 n 位(默认六位)
setiosflags(ios::left)	左对齐(默认)
setiosflags(ios::right)	右对齐
setiosflags(ios::scientific)	用科学计数法表示浮点数

控　制　符	描　　述
setiosflags(ios::showpoint)	强制显示小数点和无效零
setiosflags(ios::showpos)	强制显示正数符号
setiosflags(ios::fixed)	用定点方式表示实数

4.3　函数的参数和函数的值

4.3.1　函数的形式参数和实际参数

函数的参数主要包含实际参数和形式参数。

实际参数：调用函数时，函数名后面括弧中的参数称为"实际参数"简称"实参"。

形式参数：定义函数时，函数名后面括弧中的参数称为"形式参数"简称"形参"。

函数的参数传递，指的就是形参与实参结合（简称形实结合）的过程。形实结合的方式有值调用和引用调用两种。

（1）值调用。形式参数出现在函数定义中，在函数体内可以使用，离开函数则不能使用。实际参数出现在 main 函数中，进入被调函数后，实参变量也不能使用。

【例 4-5】　读下列程序，分析运行结果，代码如下：

```cpp
1.    #include<iostream>
2.    using namespace std;
3.    int main()
4.    {
5.        int a=2,b=4;
6.        int c;
7.        int min(int x,int y);
8.        c=min(a,b);
9.        cout<<c<<endl;
10.       return 0;
11.   }
12.   int min(int x,int y)
13.   {
14.       int z;
15.       z=x<y?x:y;
16.       return z;
17.   }
```

运行结果如图 4-5 所示。

```
2
---------------------------------
Process exited after 0.2441 seconds with return value 0
请按任意键继续. . .
```

图 4-5　例 4-5 的运行结果

程序分析：main 函数开始运行时分配变量空间，并把 a、b 分别赋初值 2 和 4；当函数调用 min(a,b)时，main 函数暂停，执行 min 函数，当 min 函数执行完，返回给主函数变量 c 值时，主函数继续执行。

形参只有被调用时才分配内存空间，调用结束后，立即释放空间，形参只有在函数内部有效。本程序 x 与 y 为形参，在 main 函数中不能再调用。实参为 a 和 b。

形参与实参的类型应相同或者兼容。如果类型不一致，则将实参转化为和形参类型一致时再赋值。例如本程序中 a 把值传给 x，b 把值传给 y。

调用函数中数据时单向传递的，只能把实参的值传给形参，不能反向传递。形参的值发生变化，实参的值也不会发生变化。

实参必须有确定的值，值的类型可以是常量、变量或者表达式等。

（2）引用调用。显而易见，值调用时参数的传递方式是实参单向复制其值给形参，如果我们想使子函数中对形参所做的任何更改也能及时反映给主函数中的实参（即希望形参与实参的影响是互相的或称是双向的），就需要改变调用方式，即采用第二种参数传递方式——引用调用。

引用是一种特殊类型的变量，可以被认为是某一个变量的别名。通过引用名与通过被引用的变量名访问变量的效果是一样的。这就是说，对形参的任何操作也就直接作用于实参。例如：

```
1.    int a,b;
2.    int &ra=a;              //建立一个 int 型的引用 ra,并将其初始化为变量 a 的一个别名
3.    b=10;
4.    ra=b;                   //相当于 a=b;
```

程序分析：声明一个引用时，必须同时对它进行初始化，使它与一个已存在的对象关联。

【例 4-6】 通过引用调用实现两个数的交换。代码如下：

```
1.    #include<iostream>
2.    using namespace std;
3.    void swap(int &a,int &b);
4.    int main()
5.    {
6.        int x,y;
7.        x=1;
8.        y=2;
9.        cout<<"x="<<x<<"    y="<<y<<endl;
10.       swap(x,y);                               //交换 x,y 的值
11.       cout<<"交换后"<<endl;
12.       cout<<"x="<<x<<"    y="<<y<<endl;
13.       return 0;
14.   }
15.   void swap(int &a,int &b)
```

```
16.      {
17.          int t;
18.          t=a;
19.          a=b;
20.          b=t;
21.      }
```

运行结果如图 4-6 所示。

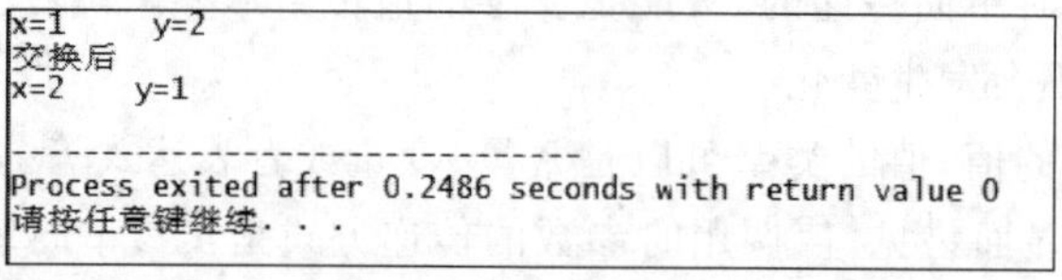

```
x=1        y=2
交换后
x=2        y=1

-------------------------------
Process exited after 0.2486 seconds with return value 0
请按任意键继续. . .
```

图 4-6   例 4-6 的运行结果

程序分析：子函数 swap 的两个参数都是引用,当被调用时,它们分别被初始化成为 a 和 b 的别名。因此,在子函数 swap 中将两个参数的值进行交换后,交换结果可以返回主函数 main。

4.3.2 函数的返回值

当函数不是声明为 void,则必须有一个返回值。相反,一个 void 函数没有返回值。函数通过 return 语句返回函数的值,不需要返回函数值时,可以不要 return 语句。return 语句的括号中可以为表达式、变量或者常量。return 语句的表达式类型要与函数的返回值类型一致。

4.4 函数的调用

4.4.1 函数的基本调用

函数被调用前应先声明函数原型或先定义。函数原型的声明如下:

```
类型标识符  被调函数名(类型说明的形参表);
调用形式:  函数名 ( 实参列表 )
```

【例 4-7】 通过调用函数实现两个数的差。代码如下:

```
1.     #include<iostream>
2.     using namespace std;
3.     int sub(int x,int y);                          //声明函数原型
4.     int main()
5.     {
6.         int a,b=1,c=2;
7.         a=sub(b,c);                                //调用函数
```

```
8.          cout<<a<<endl;
9.          return 0;
10.     }
11.     int sub(int x,int y)
12.     {
13.         int z;
14.         z=y-x;
15.         return z;
16.     }
```

程序分析：该程序是通过先声明函数原型，再调用函数。如果是在某个主调函数内部声明了被调函数原型，那么该原型就只能在这个函数内部有效。声明了函数原型之后，便可以按如下形式调用子函数：

<函数名>(实参1,实参2,…,实参n)

如果是在所有函数之前声明了函数原型，那么该函数原型在本程序文件中任何地方都有效，也就是说，在本程序文件中任何地方都可以依照该原型调用相应的函数。

把上面程序变换成在调用函数之前定义函数，则不用再声明函数了。

【例4-8】 通过函数实现两个数的差，代码如下：

```
1.      #include<iostream>
2.      using namespace std;
3.      int sub(int x,int y)
4.      {
5.          int z;
6.          z=y-x;
7.          return z;
8.      }
9.      int main()
10.     {
11.         int a,b=1,c=2;
12.         a=sub(b,c);                    //调用函数
13.         cout<<a<<endl;
14.         return 0;
15.     }
```

4.4.2　函数的嵌套调用

函数的嵌套调用是指当一个函数调用另一个函数时，被调用函数又再调用其他函数。一个函数内不能再定义另一个函数，不能再函数中嵌套定义，但可以进行嵌套调用。

【例4-9】 通过函数嵌套求数 a,b 的平方和，代码如下：

```
1.      #include<iostream>
2.      using namespace std;
3.      int add(int x,int y);
4.      int square(int z);
5.      int main()
6.      {
7.          int a,b;
8.          cin >>a >>b;
9.          int c;
10.         c=add(a,b);
11.         cout <<"a、b的平方和: " <<c<<endl;
12.         return 0;
13.     }
14.
15.     int add(int x, int y)
16.     {
17.         return (square(x)+square(y));
18.     }                       //调用 square 函数,并把返回值相加
19.     int square(int z)
20.     {
21.         return (z * z);
22.     }
```

运行结果如图 4-7 所示。

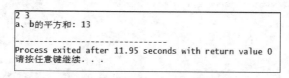

图 4-7 例 4-9 的运行结果

程序分析:在该程序中平行定义了 add 和 square 两个函数,目的是为了求两个数的平方和。输入两个整数,赋值给 a 和 b,再把 a 和 b 传给 add 函数的形式参数 x 和 y。在 main 函数中调用 add 函数,add 函数再调用 square 函数,这样就形成了嵌套调用。当输入 2 3 时,得出平方和为 13。

4.4.3 函数的递归调用

在调用一个函数的过程中,如果出现直接或者间接地调用该函数本身,称为函数的递归调用。

【例 4-10】 输入一个数,赋值给变量 a,求 a 要相乘多少次,可以大于 100。代码如下:

```
1.      #include<iostream>
2.      using namespace std;
3.      void product(int x,int z,int i);
```

```
4.      int main()
5.      {
6.          int a,b=1,c=1;                    //b 为乘积的值,c 为满足条件 a 的个数
7.          cin>>a;
8.          product(a,b,c);                   //调用 product 函数
9.          return 0;
10.     }
11.     void product(int x,int z,int i)
12.     {
13.         //z 为乘积的值
14.         z=z*x;
15.         if(z>100)
16.             cout<<i<<endl;                //i 为满足条件 x 的个数
17.         else
18.         {
19.             i++;
20.             product(x,z,i);
21.         }
22.     }
```

运行结果如图 4-8 所示。

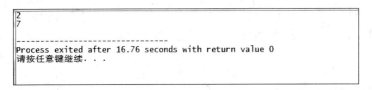

图 4-8　例 4-10 的运行结果

程序分析:该程序为求输入一个数,赋值给变量 a,求 a 要相乘多少次,可以大于 100。在 main 函数中,b 为每次 a 相乘后乘积的值,c 为 a 相乘多少次后,可以大于 100 的个数。其中,在 product 函数中,x 对应于 a,z 对应于 b,i 对应与 c。

当 z 满足大于 100 时,输出 i,否则执行 else 语句,继续调用自身的函数,直到满足条件为止。

注意:递归必须保证在有限调用次后能够结束,例如函数 product 的限制条件为 z>100,总可达到结果的状态。函数调用系统要付出时间和空间的代价,在环境条件相同的情况下,总是非递归程序效率高。

函数的基本调用是函数嵌套调用和递归调用的基本情况,当设计程序时,需要重复实现一个功能时,可以把该功能放在一个函数当中,在程序中需要该功能时,调用此函数。要实现多个功能,可能需要多个不同的函数,这些函数之间可以互相调用(即嵌套调用)。递归调用则是函数调用其本身,递归调用一般可以替代循环语句使用。有些情况下使用循环语句比较好,而有些时候使用递归更有效。递归方法虽然程序结构较好,但其执行效率却没有循环语句高。

4.5 函数和数组

在函数中用数组作参数,可以一次传递给函数大量的数据,从而便于数据的处理。数组名可以作为形参和实参,传递数组名其实就是传递数组首元素地址。

4.5.1 函数和一维数组

与普通变量和取值一样,也可以将数组元素的值,甚至整个数组作为参数传递给函数。考虑到函数所涉及的内容,当传递数组时,需要将函数名作为参数传递给函数,为使函数通用,而不限定特定的数组长度,因此需要传递数组长度。

定义函数头的一般形式如下:

返回值类型 函数名 (数组元素类型 数组名,int 数组长度)

假设函数的返回值为 int 型,传递的 array 数组也为 int 型,函数名为 product,定义以下形式为函数头:

int product(int array[], int *n*)

array[]指出 array 是一个数组.[]为空,表明可以传递给任意长度的数组给函数,*n* 则为 arry 数组传递给函数的大小。

【例 4-11】 定义一个函数,并把数组当作参数传递给函数,求数组中最大的元素。代码如下:

```
1.    #include<iostream>
2.    using namespace std;
3.    int max(int value[],int n);
4.    int main()
5.    {
6.        int a;
7.        int product[5]={56,21,85,3,9};
8.        a=max(product,5);
9.        cout<<a<<endl;
10.       return 0;
11.   }
12.   int max(int value[],int n)
13.   {
14.       int x=value[0];
15.       for(int i=1;i<n;i++)
16.       {
17.           if(x>value[i])
18.           x=value[i];
19.       }
```

```
20.        return x;
21.    }
```

运行结果如图 4-9 所示。

```
3
--------------------------------
Process exited after 1.367 seconds with return value 0
请按任意键继续. . .
```

图 4-9   例 4-11 的运行结果

程序分析：上述程序中，函数 max 定义接受两个参数，第一个是数组，第二个是这个数组元素的个数。形参 n 代替数组元素个数 5，在 for 循环中，设 x 初始值为 value[0]，假设为数组中最小的元素，后面 value[1]，value[2]，…，value[4] 依次与 x 比较，把相对小的元素赋值给 x，最后得到的 x 则为数组中最小的元素。

实际上，上述程序中，语句

```
int max(int value[],int n)
```

的 value 并不是数组，而是一个指针，在编写函数的其余部分时，可以将 value 看作是数组。

```
int max(int * value,int n)
```

可以替代上述的语句。

【例 4-12】   求数组中最大的元素。代码如下：

```
1.    #include<iostream>
2.    using namespace std;
3.    int max(int * value,int n);
4.    int main()
5.    {
6.        int a;
7.        int product[5]={56,21,85,3,9};
8.        a=max(product,5);
9.        cout<<a<<endl;
10.       return 0;
11.   }
12.   int max(int * value,int n)
13.   {
14.       int x= * value;
15.       for(int i=1;i<n;i++)
16.       {
17.           value++;
18.           if(x> * value)
19.           x= * value;
```

```
20.        }
21.        return x;
22.    }
```

运行结果如图 4-10 所示。

```
3
----------------------------------
Process exited after 1.367 seconds with return value 0
请按任意键继续. . .
```

图 4-10   运行结果

程序分析：在 C++ 中，当(且仅当)用于函数或函数原型中

```
int max(int value[],int n)
```

与

```
int max(int * value,int n)
```

的含义是相同的，它们意味着 value 是 int 的一个指针。同时，以下式子也有相同的含义：

```
value[i]== * (value+i)
&value[i]==value +i
```

应该通过两个参数来传递数组类型和元素量，例如：

```
int max(int value[],int n)
```

而不要试图使用方括号表示法来传递数组长度，例如：

```
int max(int value[n])
```

4.5.2   函数和二维数组

二维数组元素也可以作为函数的参数，可以像使用变量一样使用数组元素。函数原型必须指明数组类型，包括元素类型及维数的方括号。二维数组可以像一维数组一样，将整个二维数组传递给函数，即只要列出数组名字即可，但这个数组名必须是已经定义的具有确定长度的数组。

【例 4-13】   假设在期末考试中，现在有 4 个同学需要统计成绩：

甲：89   78   92

乙：68   100   90

丙：95   88   90

丁：79   96   84

代码如下：

```
1.      #include<iostream>
2.      using namespace std;
3.      void add(int a[4][3]);
4.      int main()
5.      {
6.          int value[4][3]=
7.          {
8.              {89,78,92},{68,100,90},{95,88,90},{79,96,84}
9.          };
10.         add(value);                             //调用函数时传递实际数组名
11.         return 0;
12.     }
13.     void add(int a[4][3])                       //计算每名同学三门课成绩的总和
14.     {
15.         int row,rank;
16.         for(row=0;row<4;row++)
17.         {
18.             int sum=0;
19.             for(rank=0;rank<3;rank++)
20.             {
21.                 sum+=a[row][rank];
22.             }
23.                 cout<<sum<<endl;
24.         }
25.     }
```

运行结果如图 4-11 所示。

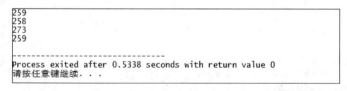

```
259
258
273
259
--------------------------------
Process exited after 0.5338 seconds with return value 0
请按任意键继续. . .
```

图 4-11　运行结果

程序分析：实参数组类型与形参数组类型必须一致。在一个函数内部将一维数组声明为一个形参时，并不需要指明这个数组的大小，只需用空白[]告诉编译器这个参数是一个数组即可。但二维数组并不适用于这一点。我们可以省略数组中的行数，但必须声明数组的列数。因此

```
void add(int value[][3],int n)                          //(n 为行数)
```

与

```
void add(int value[4][3])
```

一样有效。

形参 a[row][rank]与实参 value[row][rank]占用同一个储存单元,它们具有同一个值,在函数中对 a[row][rank]操作是对 value[row][rank]操作。

当传递的二维数组为指针类型时,二维数组必须两次取值才可以取出数组中储存的数据。可以是两次使用间接运算符(*)来实现,或者两次使用方括号运算符([]),也可以一次使用 * 和一次[]来实现,例如:

```
value[4][3]==*(*(value+4)+3);
value[4][3]=(*(value+4))[3];
```

本小节涉及有关数组的知识,读者可联系数组的相关知识来理解本节。

4.6　函数和结构体

与其他普通数据类型一样,C++ 允许将结构体类型作为函数的参数和返回值类型。数组名是数组中第一个元素的地址,而结构体只是结构的名称,要获得结构体的地址,必须使用地址运算符(&)。按值传递结构体有个缺点:如果结构体非常大,复制结构体将增加内存要求,降低运行速度,所以许多程序员更偏向与传递结构的地址,用指针来访问结构体。下面将介绍结构体作为参数的两种传递方式以及返回整个结构。

4.6.1　结构体变量作为函数参数

在传送结构体类型的参数时,系统将实参结构体变量所有成员的值传递给形参结构体变量。下面举例说明。

【例 4-14】　统计 3 名学生的平均成绩。代码如下:

```
1.    #include<iostream>
2.    using namespace std;
3.    struct student
4.    {
5.        int number;
6.        char name[10];
7.        int score[5];
8.    };
9.    float average(student st);
10.   int main()
11.   {
12.       student student1={1,"张三",{60,96,85,64,99}};
13.       student student2={2,"李四",{96,95,85,69,58}};
14.       student student3={3,"王一",{56,98,88,85,61}};
15.       cout<<student1.number<<" "<<student1.name<<" "<<average(student1)<<endl;
16.       cout<<student2.number<<" "<<student2.name<<" "<<average(student2)<<endl;
17.       cout<<student3.number<<" "<<student3.name<<" "<<average(student3)<<endl;
18.       return 0;
```

```
19.    }
20.    float average(student st)              //计算 st 的 5 门课程的平均成绩
21.    {
22.        int sum=0;
23.        for(int i=0;i<5;i++)
24.        {
25.            sum+=st.score[i];              //计算 5 门成绩的和
26.        }
27.        float ave;
28.        return ave=sum/5;                  //计算并返回平均成绩
29.    }
```

运行结果如图 4-12 所示。

```
1 张三 80
2 李四 80
3 王一 77
-----------------------------------
Process exited after 0.4765 seconds with return value 0
请按任意键继续. . .
```

图 4-12   例 4-14 的运行结果

程序分析：student 就像是一个标准类型名,由于 student1、student2 和 student3 变量是 student 结构,因此可以对它们使用句点成员运算符。

注意：传递给 average 的实参要与形参类型一致,都为 student 类型的结构体。

4.6.2   结构体的返回值为结构体

在 C 和 C++ 中,返回值可以是结构体。下面举例说明。

【例 4-15】   日常生活中,人们常常计算时间的总和,并用几时几分的形式来表示时间。下面将计算两个时间段时间的总和,并用几时几分的形式进行表示。代码如下：

```
1.    #include<iostream>
2.    using namespace std;
3.    struct time
4.    {
5.        int hour;
6.        int minute;
7.    };
8.    time sum(time t1,time t2);              //声明 sum 函数
9.    int main()
10.   {
11.       time all;
12.       time first={2,35};
13.       time second={5,20};
14.       all=sum(first,second);              //调用 sum 函数
15.       cout<<all.hour<<"hours"<<"  "<<all.minute<<"minutes"<<endl;
```

```
16.        return 0;
17.     }
18.     time sum(time t1,time t2)                      //求时间总和
19.     {
20.        time total;
21.        total.hour=t1.hour+t2.hour+(t1.minute+t2.minute)/60;
                                        //求时间和(共有几个小时数)
22.        total.minute=(t1.minute+t2.minute)%60;
                                   //求时间和(除小时外剩余的分钟数)
23.        return total;
24.     }
```

运行结果如图 4-13 所示。

```
7hours 55minutes
--------------------------------
Process exited after 0.1879 seconds with return value 0
请按任意键继续. . .
```

图 4-13   例 4-15 的运行结果

程序分析：定义 sum 函数的返回值为结构体 time 型,在主函数中则可以用返回的结构体变量 all,并调用结构体 all 中的数据成员。

4.6.3   结构体指针变量作为函数参数

当结构体变量作为函数参数时,系统要将实参的全体成员的值逐个传给形参,特别是成员为数组时,将消耗很大的内存空间,降低程序执行的效率。当用指针变量作函数参数进行传递时,由于实参传向形参的只是地址,从而提高运行的效率,节省空间。

下面,仍用例 4-14 的例子进行说明。把两个程序进行对比,查看有什么不同。

【例 4-16】 用结构体指针变量作为函数参数求学生平均成绩。代码如下：

```
1.     #include<iostream>
2.     using namespace std;
3.     struct student
4.     {
5.        int number;
6.        char name[10];
7.        int score[5];
8.     };
9.     float average(student * st);
10.    int main()
11.    {
12.       student student1={1,"张三",{60,96,85,64,99}};
13.       student student2={2,"李四",{96,95,85,69,58}};
14.       student student3={3,"王一",{56,98,88,85,61}};
```

```
15.        cout<<student1.number<<" "<<student1.name<<" "<<average(&student1)<<
           endl;
16.        cout<<student2.number<<" "<<student2.name<<" "<<average(&student2)<<
           endl;
17.        cout<<student3.number<<" "<<student3.name<<" "<<average(&student3)<<
           endl;
18.        return 0;
19.    }
20.    float average(student * st)              //计算 st 的 5 门课程的平均成绩
21.    {
22.        int sum=0;
23.        for(int i=0;i<5;i++)
24.        {
25.            sum+=st->score[i];                //计算 5 门成绩的和
26.        }
27.        float ave;
28.        return ave=sum/5;                     //计算并返回平均成绩
29.    }
```

运行结果如图 4-14 所示。

```
1 张三 80
2 李四 80
3 王一 77
hello color:)
--------------------------------
Process exited after 0.3356 seconds with return value 0
请按任意键继续...
```

图 4-14　例 4-16 的运行结果

　　程序分析：调用函数时，将结构体的地址（&student$x$，其中 x 为 1 或 2 或 3）而不是结构体本身（student$x$，其中 x 为 1 或 2 或 3）传递给 average 函数。

　　将形参声明为指向 student 的指针，及 student * 类型。

　　由于形参是指针而不是结构，因此应间接成员运算符（->），而不是成员运算符（句点）。

　　从用户的角度来看，例 4-14 的程序与例 4-16 的程序相同。它们的区别在于，例 4-14 使用的是结构的副本，而例 4-16 使用的是指针，让函数能够对原始结构进行操作。

4.7　函数和字符串

　　字符串由一系列的字符组成，数组和函数的知识大部分也适用于字符串和函数，下面介绍一下字符串在函数当中的应用。

4.7.1　字符串作为参数

　　将字符串作为参数传递给数组有 3 种形式：

(1) 用引号括起来的字符常量。例如：

```
"welcome";
```

(2) char 数组。例如：

```
char str[10]="welcome";
```

字符串总是以'\0'作为结束符,当把一个字符串入一个数组时,也把结束符'\0'存入数组,并以此作为该字符串是否结束的标志。

(3) 设置为字符串地址的 char 指针。例如：

```
char * str="welcome";
```

将字符串作为参数来传递,传递的为字符串第一个字符的地址,即可将字符串的形参声明为 char * 类型。

【例 4-17】 计算 will 中 l 出现的次数。代码如下：

```
1.    #include<iostream>
2.    using namespace std;
3.    int count(const char * la,char sd);
4.    int main()
5.    {
6.        char ch[]="will";
7.        int a=count(ch,'l');
8.        cout<<a<<endl;
9.        return 0;
10.   }
11.   int count(const char * la,char sd)
12.   {
13.       int number;
14.       while(* la)
15.       {
16.           if(* la==sd)
17.           number++;
18.           la++;
19.       }
20.       return number;
21.   }
```

运行结果如图 4-15 所示。

```
2
--------------------------------
Process exited after 0.5181 seconds with return value 0
请按任意键继续. . .
```

图 4-15 例 4-17 的运行结果

程序分析：为了在 count 函数中不修改原始字符串,在声明形参 la 时使用了限定符 const。la 最初指向字符串的第一个字符,第一次调用 * la 表示的是第一个字符 w, * la 依次向后指向 i、l、l,只要字符不为空字符'\0',循环将继续进行。

4.7.2　字符串作为返回值

在编程时,可以将字符串作为函数的返回值,也可以返回字符串的地址,即 char * 指针,这样做的效率更高。

【例 4-18】　编程输出字符串"welcome",要求字符串前后各插入 10 个"＊"。代码如下：

```
1.    #include<iostream>
2.    using namespace std;
3.    char * build(char str,int i);
4.    int main()
5.    {
6.        char * sp;
7.        sp=build('＊',10);
8.        cout<<sp<<"welcome"<<sp<<endl;
9.        return 0;
10.   }
11.   char * build(char str,int i)
12.   {
13.       char la[i+1];
14.       char * sd=la;            //把 la 数组的头地址赋给 sd 指针
15.       sd[i]='\0';              //字符串的结束标志
16.       i=i-1;
17.       while(i>=0)
18.       {
19.           sd[i]=str;
20.           i--;
21.       }
22.       return sd;
23.   }
```

运行结果如图 4-16 所示。

```
**********welcome**********
------------------------------
Process exited after 0.3708 seconds with return value 0
请按任意键继续. . .
```

图 4-16　例 4-18 的运行结果

程序分析：要储存 i 个字符的字符串,需要 i+1 个字符空间,程序中将最后一个字节设置为空字符,然后从后向前把"＊"填入数组中。之所以从后往前填充字符串,是为了避免使用额外的变量。将字符串填充后,返回字符串的地址 sd 给指针 sp,输出得到的字符串。

4.7.3 函数和 string 对象

在 C++ 中,可以使用 string 类型的变量来代替字符数组储存字符串。要使用 string 类,必须在程序中包含头文件 string,使用 string 类,可以像使用变量一样使用字符串。例如:

```
string str1="hello";
string str2=str1;
```

如果需要多个字符串,可以声明一个 string 数组,而不是二维 char 数组。

【例 4-19】 定义一个 display 函数,传递给 display 函数 string 对象,输出 5 次 string 字符串。代码如下:

```
1.    #include<iostream>
2.    #include<string>
3.    using namespace std;
4.    void display(string st,int n);
5.    int main()
6.    {
7.        string sp="hello";
8.        display(sp,5);
9.        return 0;
10.   }
11.   void display(string st,int n)
12.   {
13.       for(int i=0;i<n;i++)
14.       cout<<st<<endl;
15.   }
```

运行结果如图 4-17 所示。

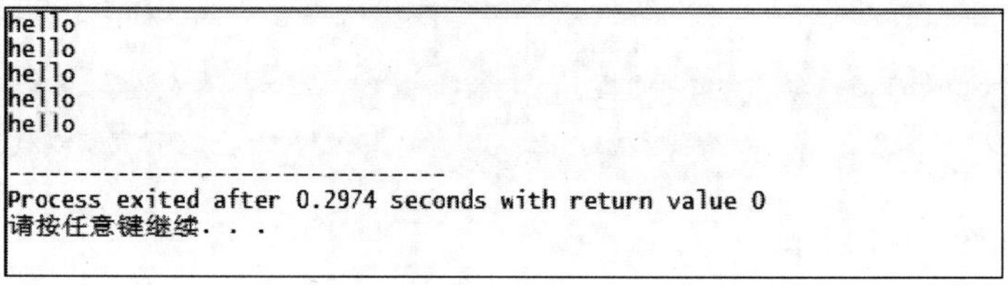

```
hello
hello
hello
hello
hello
--------------------------------
Process exited after 0.2974 seconds with return value 0
请按任意键继续. . .
```

图 4-17 例 4-19 的运行结果

注意:要在程序中加 string 头文件才可以使用 string 类。

4.8 函 数 指 针

与数据相似,函数也有地址。一个函数总是占用一段连续的储存单元,它有一个起始地址,函数名就是该函数所占内存区的首地址。定义一个指针变量,将函数的首地址赋给指针变量,使该指针变量指向此函数,我们称指向函数的指针变量为函数指针变量。

4.8.1 声明函数指针

声明指向某种数据类型的指针时,必须指定指针指向的类型。同样,声明指向函数的指针时,也必须指定指针指向的函数类型。

一般函数定义的形式如下:

```
类型说明符 函数名(参数);
```

函数指针定义的一般形式如下:

```
类型说明符(*指针变量名)(参数);
```

例如:

```
double add(int a);
double (*p)(int a);
```

说明了 p 是一个函数指针变量,它所指向的函数返回值类型为浮点型,即 p 所指向的函数只能是返回值为浮点型的函数。

注意:最后的"()"表示指针变量所指的是一个函数,不能省略。(*指针变量名)中,"*"后面的变量定义的为指针变量。

4.8.2 函数指针示例

在用指向函数的指针变量实现一个函数时,在调用它的时候可以实现多个功能。

【例4-20】 通过函数指针来实现比较两个数的大小和对两个数求和。代码如下:

```
1.    #include<iostream>
2.    using namespace std;
3.    int max(int,int);
4.    int min(int,int);
5.    int sum(int,int);
6.    void f(int a,int b,int(*p)(int,int));
7.    int main()
8.    {
9.        int a,b;
10.       cin>>a>>b;
11.       f(a,b,max);
12.       f(a,b,min);
13.       f(a,b,sum);
14.       return 0;
15.    }
16.    int max(int a,int b)
17.    {
```

```
18.         return (a>b)?a:b;
19.     }
20.     int min(int a,int b)
21.     {
22.         return (a<b)?a:b;
23.     }
24.     int sum(int a,int b)
25.     {
26.         return (a+b);
27.     }
28.     void f(int a,int b,int(*p)(int,int))//int(*p)(int,int)为函数指针
29.     {
30.         int n;
31.         n=(*p)(a,b);
32.         cout<<n<<endl;
33.     }
```

运行结果如图 4-18 所示。

```
4 5
5
4
9

-------------------------------
Process exited after 6.096 seconds with return value 0
请按任意键继续. . .
```

图 4-18   例 4-20 的运行结果

程序分析：void f(int,int,int(*p)(int,int))说明 p 是一个函数指针变量，并把函数指针作为函数 f 的参数。在 f 函数的函数体中，把 a、b 的值赋给指针 p 所指向函数的参数，从而实现真正的 max、min、sum 函数的调用。

4.9   函数和对象

如同结构体与变量的关系一样，类与对象的关系就是类型与变量的关系。一个类也就是用户声明的一个数据类型，而对象是类的变量。在 C++ 中，时常将一个对象作为函数的参数，来调用对象中的成员。

下面是对象作为函数参数的例子。

【**例 4-21**】   输入 3 个数 a、b、c，分别代表小时、分钟、秒，并以 a：b：c 的形式输出.000⋯000000。代码如下：

```
1.     #include<iostream>
2.     using namespace std;
3.     class Clock
4.     {
5.         public:
```

```
6.       void enter();
7.       int hour;
8.       int minute;
9.       int second;
10.    };
11.    void Clock::enter()                    //Clock 类的内部函数
12.    {
13.       cin>>hour;
14.       cin>>minute;
15.       cin>>second;
16.    }
17.    void showtime(Clock  st)              //传递给类外函数 showtime 一个 Clock 对象
18.    {
19.       cout<<st.hour<<":"<<st.minute<<":"<<st.second<<endl;
20.    }
21.    int main()
22.    {
23.       Clock time;
24.       time.enter();
25.       showtime(time);
26.       return 0;
27.    }
```

输入:

```
4 5 20
```

运行结果如图 4-19 所示。

```
4 50 20
4:50:20

------------------------------
Process exited after 14.21 seconds with return value 0
请按任意键继续. . .
```

图 4-19　例 4-21 的运行结果

程序分析: void showtime(Clock st)中,传递给 showtime 函数 Clock 对象的参数 st,在 showtime 函数内,对 st 的调用实则为对主函数中 time 的调用。因此

```
cout<<st.hour<<":"<<st.minute<<":"<<st.second<<endl;
```

其实是输出 time 对象中的 hour、minute、second。函数 void Clock::enter()为类内函数,可直接把输入的值赋给 time 对象中的成员。

注意: class Clock 类内 hour、minute、second 都为共有成员,否则类外函数 showtime 无法调用 hour、minute 和 second。

下面再举返回值为对象的例子。

【例 4-22】 输入两个时间段，并把两个时间段的时间相加起来，并用 hour：minute：second 的形式输出。代码如下：

```
1.    #include<iostream>
2.    using namespace std;
3.    class Clock
4.    {
5.        public:
6.        void enter();
7.        int hour;
8.        int minute;
9.        int second;
10.   };
11.   void Clock::enter()              //Clock类的内部函数
12.   {
13.       cin>>hour;
14.       cin>>minute;
15.       cin>>second;
16.   }
17.   void showtime(Clock st)          //传递给类外函数 showtime 一个 Clock 对象
18.   {
19.       cout<<st.hour<<":"<<st.minute<<":"<<st.second<<endl;
20.   }
21.   Clock add(Clock a,Clock b)       //类外函数 add 结算时间总和
22.   {
23.       Clock c;
24.       c.second=(a.second+b.second)%60;
25.       c.minute=(a.minute+b.minute+(a.second+b.second)/60)%60;
26.       c.hour=(a.hour+b.hour+(a.minute+b.minute+(a.second+b.second)/60)/60);
27.       return c;
28.   }
29.   int main()
30.   {
31.       Clock time1,time2;
32.       time1.enter();
33.       showtime(time1);
34.       time2.enter();
35.       showtime(time2);
36.       Clock time;
37.       time=add(time1,time2);
38.       showtime(time);
39.       return 0;
40.   }
```

运行结果如图 4-20 所示。

```
4 5 9
4:5:9
6 60 5
6:60:5
11:5:14
--------------------------------
Process exited after 13.09 seconds with return value 0
请按任意键继续. . .
```

图 4-20　例 4-22 的运行结果

提示：

输入

```
4 5 9
6 60 5
```

此程序在例 4-21 程序的基础上增加了 Clock add(Clock a,Clock b)函数,add 函数的返回值为 Clock 型,add 函数中定义了一个 Clock c 对象,用于存放 Clock a,Clock b 的时间和,并将 Clock c 返回。

【**例 4-23**】　要求输入一个班的英语成绩的平均值,并找出低于平均值分数的人。代码如下：

```
1.    #include<iostream>
2.    using namespace std;
3.    #define N 10
4.    class student
5.    {
6.        public:
7.        char name[10];
8.        int grade;
9.    };
10.   class entering
11.   {
12.       public:
13.       int n;
14.       student stu[N];             //定义 student 类的数组
15.       void getdata();
16.   };
17.   void entering::getdata()        /* entering 类内部函数 getdata,用于输
                                        入学生的姓名和成绩 */
18.   {
19.       int i;
20.       cout<<"学生总人数;";
21.       cin>>n;
22.       for(i=0;i<n;i++)
```

```
23.          {
24.              cout<<"第"<<i+1<<"个学生姓名和成绩:";
25.              cin>>stu[i].name>>stu[i].grade;
26.          }
27.     }
28.     float average(student da[],int n)          //类外函数 average 计算平均值
29.     {
30.         float sum=0;
31.         float average;
32.         for(int j=0;j<n;j++)
33.         {
34.             sum+=da[j].grade;
35.             average=sum/n;
36.         }
37.         return average;
38.     }
39.     int main()
40.     {
41.         float avera;
42.         student a;
43.         entering obj;
44.         obj.getdata();                          //调用 getdata 函数输入学生信息
45.         avera=average(obj.stu,obj.n);
46.         for(int i=0;i<obj.n;i++)
47.         {
48.             if(obj.stu[i].grade<avera)          //查询小于平均成绩的同学
49.             cout<<obj.stu[i].name<<" "<<obj.stu[i].grade<<endl;
50.         }
51.         return 0;
52.     }
```

运行结果如图 4-21 所示。

```
学生总人数: 5
第1个学生姓名和成绩: a 100
第2个学生姓名和成绩: b 99
第3个学生姓名和成绩: c 98
第4个学生姓名和成绩: d 100
第5个学生姓名和成绩: e 99
b 99
c 98
e 99

--------------------------------
Process exited after 18.96 seconds with return value 0
请按任意键继续. . .
```

图 4-21 例 4-23 的运行结果

程序说明：该程序分别定义了 student 类和 entering 类。student 类用于储存每个学生的基本信息，entering 类用于储存所有学生的信息，并提供输入学生信息的函数 getdata。在 main 函数中，传递给 average 函数 student 对象的数组，并用 average 函数计算平均值，并

把返回的平均值与每一个对象的成绩进行比较,最后输出低于平均分学生的成绩。

【例 4-24】 小明要选择去 a 公司或者 b 公司工作,现在他统计 a 与 b 公司员工一年当中每个月的收入情况,计算平均每月的收入,找出工资较高的一家。代码如下:

```
1.    #include<iostream>
2.    using namespace std;
3.    #define N 10
4.    #define M 12
5.    class employer
6.    {
7.        public:
8.        char name[10];
9.        int salary[12];
10.
11.   };
12.   class entering
13.   {
14.       public:
15.       employer em[2];              //定义 employer 类的数组
16.       void getdata();
17.   };
18.   void entering::getdata()        /* entering 类内部函数 getdata,用于输入员工的姓
                                         名和工资 */
19.   {
20.       for(int i=0;i<2;i++)
21.       {
22.           cout<<"输入姓名:";
23.           cin>>em[i].name;
24.           cout<<"输入每个月的工资:";
25.           for(int j=0;j<M;j++)
26.           {
27.               cin>>em[i].salary[j];
28.           }
29.       }
30.   }
31.   employer average(employer da[])    /*类外函数 average 计算每个员工一年平均每个月工
                                             资 */
32.   {
33.       float sum1=0,sum2=0;
34.       float ave1,ave2;
35.       for(int j=0;j<M;j++)
36.       {
37.           sum1+=da[0].salary[j];
38.           ave1=sum1/M;
```

```
39.                sum2+=da[1].salary[j];
40.                ave2=sum2/M;
41.            }
42.        if(ave1>=ave2)
43.        return da[0];
44.        else
45.        return da[1];
46.    }
47. int main()
48. {
49.        employer a;
50.        entering obj;
51.        obj.getdata();                                          //调用 getdata 函数输入员工信息
52.        a=average(obj.em);
53.        cout<<a.name;
54.        return 0;
55.    }
```

运行结果如图 4-22 所示。

```
输入姓名：a
输入每个月的工资：2100 2200 2300 2400 2500 2600 2700 2800 2900 3000 3100 3200
输入姓名：b
输入每个月的工资：2200 2300 2400 2500 2600 2700 2800 2900 3000 3100 3200 3300
b
--------------------------------
Process exited after 79.78 seconds with return value 0
请按任意键继续. . .
```

图 4-22　例 4-24 的运行结果

程序说明：该程序分别定义了 employer 类和 entering 类。employer 类用于储存每个员工的基本信息；entering 类用于储存两家公司的信息，提供输入员工信息的函数 getdata。在 main 函数中，传递给 average 函数 employer 对象的数组，用 average 函数计算平均值，比较得出工资较高的一家公司，输出该公司的名称。

本 章 小 结

函数是 C++ 的编程模块，要使用函数，必须提供定义和原型，并调用该函数。在默认情况下，C++ 按值传递参数，函数中的形参被初始化为调用函数时所提供的值。C++ 函数之间可以互相调用，也可以调用函数本身，例如递归。C++ 将数组名参数视为数组第一个元素的地址。当将数组声明为形参时，它等价于传递了一个指针型参数，例如：

```
Typename  cha[];
Typename  * cha;
```

这两个声明都表明 cha 是指向 Typename 型的指针。

C++ 提供了 3 种表示字符串的方法，字符数组、字符常量、字符指针，它们都可以被作为 char * 类型参数传递给函数。

C++ 处理结构的方式与基本类型相同,可以按值传递结构,并将其用作函数返回类型。

C++ 函数名与函数地址的作用相同,通过将函数指针作为参数,可以传递要调用的函数名称。

C++ 处理对象与处理结构体相似,可以将对象作为参数,也可以作为函数的返回类型。

习　题　4

一、选择题

1. 下面的函数调用语句中 found 函数的参数个数是(　　)。

```
found(f(a1,a2),(a3),(a4,max(a5,a6)));
```

　　A. 3　　　　　　　　B. 4　　　　　　　　C. 5　　　　　　　　D. 8

2. 以下程序运行后的输出结果是(　　)。

```
#include<iostream>
using namespace std;
int fou(int x,int y)
{
    if(y==0)
        return x;
    else
        return fou(--x,--y);
}
int main()
{
    cout<<fou(6,3)<<endl;
    return 0;
}
```

　　A. 1　　　　　　　　B. 2　　　　　　　　C. 3　　　　　　　　D. 4

二、填空题

1. 以下程序的输出结果是(　　)。

```
#include<iostream>
using namespace std;
void fun(char a,char b)
{
    cout<<a<<b;
}
char a='A',b='B';
int fou()
{
```

```
    a='C';
    b='D';
}
int  main()
{
    fou();
    cout<<a<<b;
    fun('E','F');
    return 0;
}
```

2. 以下程序的输出结果(   )。

```
#include<iostream>
using namespace std;
void fun(int a)
{
    if(a/2>0)
    fun(a/2);
    cout<<a;
}
int main()
{
    fun(3);
    cout<<endl;
    return 0;
}
```

三、编程题

1. 定义一个整型数组,编写求和函数,计算算数的和。

2. 求两个数中较大的数,要求使用指针函数。

3. 编写函数用递归的方法求 $1+2+3+\cdots+n$ 的值,在控制台输入整数 n,调用函数计算累加值,主函数中求出结果。

4. 编写一个程序,由控制台输入 10 个字符,然后从小到大的次序排序并输出。

5. 下面是一个结构体声明:

```
struct bottle
{
    int number;
    float height;
    float width;
    float length;
    float volume;
};
```

编写一个函数,按值传递 bottle 结构,并显示每个成员的值。再编写一个函数,传递 bottle 结构体的地址,将 volume 成员设置为其他三维长度的乘积。编写一个使用这两个函数的简单程序。

6. 声明一个 string 对象数组,并将该数组传递给一个函数以显示其内容。

7. 定义三角形的类,其中包含底、高、面积成员,求每个三角形的面积,并显示出来。

第5章 数　　组

【本章内容】
- 一维数组；
- 二维数组；
- 多维数组；
- 字符串的使用方法；
- 对象数组的使用。

当程序员编写程序时,可以利用整型、浮点型、双精度型等对参数进行定义。仅进行类型定义并不能反映数据之间的关系,当参数的需求量较大时,这种逐个单独定义参数的方式会使程序显得繁杂且无规律可循。

例如,当编写程序对连续 30 天的温度进行统计时,利用之前掌握的知识进行逐天的参数定义:

```
double d1,d2,d3,…,d30;
```

定义 30 个参数的工作无疑是单调乏味的。针对这种情况,引入了一个新的概念——数组。

30 天是 30 个不同的参数,但 30 天又有同样的特征,针对这样的特性,可以把这 30 天的温度当成同一个属性的数据,利用同一个名字 d(day)定义这一组数据,即为数组名,而不同的天可以给它们加上不同的下标来进行数据之间的区分,即

```
d[1],d[2],d[3],…,d[n]
```

来表示第几天的温度。

数组是一组有着相同属性的数据的集合,它们之间存在着关联但不相同。数组中每个数据的排列也遵循着相应的规律,和普通的调用参数类似,在调用时只需调出其数组名和序号。因为对其定义简单、方便,在稍复杂的程序中,它与相应的结构组合便可以更加有效地处理数据,简化程序。

5.1　一维数组

数组是指相同数据类型的元素按一定顺序排列的数据集合,是一个有序序列。它们之间有一定的顺序关系,在内存中也占有着相邻、连续的内存地址。数组可以是一维、二维或者多维的,它的大小在数组定义的时候就被确定下来,在程序的运行过程中不会改变。

5.1.1 一维数组的定义

一维数组是一组相同类型数据的集合。将有限个有着相同特征的数据集合命名,其名称就是数组名。组成数组的各个变量称为数组的元素。每个元素通过各自的下标表示其在数组中的位置。

一维数组的定义格式如下:

```
数据类型 数组名[常量表达式];
```

例如:

```
1.    int a[10];              //声明一个整型数组 a,数组内有 10 个元素
2.    char name[50];          //声明一个字符数组 name,数组内有 50 个元素
3.    float score[20];        //声明一个浮点型数组 score,数组内有 20 个元素
```

说明:
- 数据类型表示数组中的元素类型,在数组声明时即被确定;
- 对数组名命名时要遵循变量的命名规则;
- 数组名后方括号中的常量表达式用来表示数组中元素的个数,即数组长度;
- 常量表达式必须是一个整数,不能使用变量,即数组的大小在声明时即已被确定。

一维数组中元素的表达形式如下:

```
数组名[下标]
```

例如:

```
int a[10];                   //对数组进行声明
```

该数组中的元素分别为 a[0]、a[1]、a[2]、a[3]、a[4]、a[5]、a[6]、a[7]、a[8]和 a[9]。

注意: 数组元素下标的起始值是 0,而不是 1;a[10]并不在长度为 10 的数组中。

5.1.2 一维数组的初始化

在定义数组的时候需要对数组进行初始化,初始化的过程就是为这个数组的各个元素赋初始值。

初始化的方式可以有以下几种。

(1) 分别对各元素赋值。数组被声明后,可以通过控制变量下标的方式,对数组中的元素依次进行赋值。赋值格式如下:

```
数据类型 数组名[下标]=值;
```

例如:

```
a[0]=3;
```

【例 5-1】 定义一个数组 a[3] 并对其赋值。代码如下：

```
1.    #include<iostream>
2.    #include<stdlib.h>
3.    using namespace std;
4.    int main()
5.    {
6.        int a[3];                              //定义一个整型数组,并设定数组长度为 3
7.        a[0]=1;                                //为数组元素 a[0]赋值 1
8.        a[1]=2;                                //为数组元素 a[1]赋值 2
9.        a[2]=3;                                //为数组元素 a[2]赋值 3
10.       cout <<"a[0]="<<a[0] <<endl;           //输出 a[0]
11.       cout <<"a[1]="<<a[1] <<endl;           //输出 a[1]
12.       cout <<"a[2]="<<a[2] <<endl;           //输出 a[2]
13.       system("pause");
14.       return 0;
15.   }
```

该程序运行结果如图 5-1 所示。

不难发现,这种赋值方法适用于对部分数组元素进行赋值,而在需要数组元素较多的数组进行赋值操作时则并不合适,所以通常使用下面的方法对数组进行初始化。

(2) 数组元素聚合赋值。

① 对数组中所有元素初始化。

数组初始化的一般格式如下：

```
a[0]=1
a[1]=2
a[2]=3
请按任意键继续. . .
```

图 5-1   例 5-1 的运行结果

```
数据类型 数组名[常量表达式]={值 1,值 2,…,值 n};
```

例如：

```
int a[3]={2,3,4};                        //定义数组 a 设置长度为 3 并初始化
```

如果在定义数组的时候就给出了数组全部元素的初值,那么在定义数组时可以不给出数组长度,编译时,计算机会自动计算出数组元素的个数,并默认是数组的长度。

例如：

```
int a[]={5,4,3,2,1};                     //定义数组 a 并初始化赋值
int a[5]={5,4,3,2,1};                    //定义数组 a 设置长度为 5 并初始化
```

上例中的两条语句效果相同。

例如：

```
int a[5]={0,0,0,0,0};                    //定义数组 a 并初始化
int a[5]={0};                            //第一个元素赋值为 0,其余元素以 0 填充
```

注意：虽然两条语句效果一样，但是第二条语句是部分元素赋值，即 a[0]＝ 0，其余元素默认赋值为 0。

数组的性质和基本元素相似，但是两个数组之间不可以相互赋值。

例如：

```
int a[3]={1,2,3},b[3];              //声明两个数组 a、b
b=a;                               //错误，两个数组间不可以相互赋值
```

② 对数组中的部分元素进行赋值。在初始化数组时，当赋值的个数小于常量表达式时，系统默认将前面部分元素赋值，而后面的元素则被系统赋值为随机值或者特定的值。

例如：

```
int a[10]={3,4,5,6,7};
                  //定义数组 a，长度为 10，为前 5 个元素赋值，后五个元素系统默认赋值为 0
```

【例 5-2】 一维数组初始化赋值。代码如下：

```
1.    #include<iostream>
2.    #include<stdlib.h>
3.    using namespace std;
4.    int main()
5.    {
6.        int a[5], i;                    //声明一个一维数组 a 和变量 i
7.        for (i=0; i<5; i++)
8.        {
9.            a[i]=i;                      //利用循环对数组 a 进行初始化
10.           cout <<"a["<<i<<"]="<<a[i]<<endl;   //输出初始化后的数组元素
11.       }
12.       system("pause");
13.       return 0;
14.   }
```

程序运行结果如图 5-2 所示。

程序分析：数组初始化的作用是声明这个数组的所有元素有了一个确定的值，从而可以使用这个元素。一个数组声明后，如果没有赋值，即只是分配了内存空间，而没有具体的值，则无法在实际中使用。

注意：数组初始化的作用是声明这个数组的所有元素有了一个确定的值，从而可以使用这个元素。一个数组声明后，如果没有赋值，即只是分配了内存空间，而没有具体的值，则无法在实际中使用。

图 5-2　例 5-2 的运行结果

5.1.3　一维数组的引用

数组在引用前，必须先声明，在引用时，元素的数组名和下标是唯一的标识，引用格式

如下:

数组名[下标]

例如 a[3]。

下标可以是一个具体的整型表达式或者一个整型变量。

注意:数组只能通过使用下标将元素逐个输入或者输出,不能作为一个整体进行输入或者输出操作;由于数组的下标是从 0 开始的,若要引用数组的第 n 个元素,应该写成:数组名[$n-1$];引用数组时,使用越界的下标(例如:a[$n+1$]或 a[-1])会引起非法越界的错误,造成程序瘫痪。

【例 5-3】 声明一个数组并进行求和。代码如下:

```
1.    #include<iostream>
2.    #include<stdlib.h>
3.    using namespace std;
4.    int main()
5.    {
6.        int a[5], i, sum=0;          //声明一个数组 a[5],变量 i、sum,并 sum=0
7.        for (i=0; i<5; i++)
8.        {
9.            a[i]=i;                  //利用循环对 a[5]进行初始化
10.           sum=sum +a[i];           //a[5]中元素累加
11.       }
12.       cout <<"sum="<<sum <<endl;    //输出求和结果
13.       system("pause");
14.       return 0;
15.   }
```

程序运行结果如图 5-3 所示。

```
sum =10
请按任意键继续. . .
```

图 5-3　例 5-3 的运行结果

5.1.4　一维数组的内存结构和应用

(1)一维数组的内存结构。在前文中提到过,数组的长度在定义时就被确定下来,并且系统会将数组中的每个元素相邻存储,例如:

```
int a[5]={1,2,3,4,5};
```

这是一个长度为 5 的数组,并对其进行了初始化,它的存储结构如图 5-4 所示。

编译器会在内存中开辟长度为 5 的区域,此处声明的数组类型为整型,假设每个数据占 2B 空间且数组的起始地址为 1000,那么该数组的内存分配情况如图 5-5 所示。

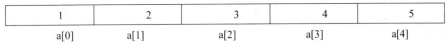

1	2	3	4	5
a[0]	a[1]	a[2]	a[3]	a[4]

图 5-4　一维数组的存储结构

内存地址	1000	1002	1004	1006	1008
存储内容	1	2	3	4	5

图 5-5　一维数组的内存分配情况

可以看出，数组元素的存放是相邻且有序的，而第 i 个元素的内存地址如下：

a[i]的地址＝a[0]的地址＋i×每个元素占内存空间的大小

利用上述公式就可以对数组中的元素进行寻址操作。

（2）一维数组的应用。在了解了数组的原理、声明和引用方法后，就可以利用数组解决排序等问题。

【例 5-4】输入 5 个整数，并从大到小进行排序。代码如下：

```cpp
1.    #include<cstdio>
2.    #include<iostream>
3.    #include<stdlib.h>
4.    using namespace std;
5.    int main()
6.    {
7.        int i, j;
8.        int a[5], c;
9.        cout <<"请输入 5 个整数:"<<endl;
10.       for (i=0; i<5; i++)              //利用循环输入数组 a 中的元素进行初始化
11.           cin >>a[i];
12.       for (i=0; i<5; i++)              //逐次处理 5 个数据
13.       {
14.           for (j=0; j<4 -i; j++)       //对当前数据进行比较
15.           {
16.               if (a[j]<a[j +1])        //如果当前数据小于下一位数据
17.               {
18.                   c=a[j +1];
19.                   a[j +1]=a[j];
20.                   a[j]=c;              //交换位置,使较小的数据在后
21.               }
22.           }
23.       }
24.       cout <<"从大到小排序后:"<<endl;
25.       for (i=0; i<5; i++)
26.           cout <<a[i] <<endl;         //输出排好的五个数据
27.       system("pause");
```

```
28.        return 0;
29.    }
```

程序调试结果如图 5-6 所示。

此处的排序方法又称作"冒泡排序",是基础常用的排序法之一。

图 5-6　例 5-4 的运行结果

冒泡排序的基本思想是,每次比较两个相邻的元素的大小,如果它们的顺序错误就对它们进行交换调整,从而逐次将待排序的序列排成有序序列。

从大到小(从小到大)冒泡排序的具体操作如下:

第 1 步,第 1 趟排序中,对相邻的两个元素进行比较,如果逆序便交换位置;不断向后移动相邻两个数据中较小(或者较大)的数据;将待排序的数据中最小(或最大)的数据记录到序列的末尾,即它应在的位置。

第 2 步,进行第 2 趟排序,重复上述过程,令第 $n-1$ 小(或者大)的数据放在第 $n-1$ 的位置上。

第 3 步,重复排序,直至排好顺序为止。

图 5-7 所示的是一组数的排序过程。

4	4	4	4	1
2	2	2	1	4
5	5	1	2	2
3	1	5	5	5
1	3	3	3	3

图 5-7　冒泡排序过程图示

【例 5-5】　有一组 10 个数的数列:1、2、4、7、11、16、22、29、37、46,请查找某个数是否在该数列中。

解法 1:代码如下:

```
1.     #include<iostream>
2.     #include<stdlib.h>
3.     using namespace std;
4.     int main()
5.     {
6.         int i, x;
7.         int a[10]={ 1,2,4,7,11,16,22,29,37,46 };    //声明并初始化一个一维数组
8.         cout <<"请输入要查找的元素:"<<endl;
9.         cin >>x;
10.        for (i=0; i<10; i++)                         //循环读取数组元素
11.            if (a[i]==x)                              //判断元素与各数组元素是否相等
12.            {
```

```
13.            cout <<"找到该元素。"<<endl;
14.            system("pause");
15.            exit(0);
16.        }
17.    cout <<"该元素不在数列中。"<<endl;
18.    system("pause");
19.    return 0;
20. }
```

程序调试结果如图 5-8 所示。

程序分析：数列中的 10 个数都是整数，可以声明一个一维数组来存放数列中的数据。

进行查找时，从控制台输入一个整数，利用循环结构逐个调用数组元素，依次判断是否相等。如果找到该元素，则显示"找到该元素。"并退出程序；如果没找到，则显示"该元素不在数列中"。

```
请输入要查找的元素：
4
找到该元素。
请按任意键继续....
```

图 5-8　例 5-5 的冒泡排序法
运行结果

这种方法查找起来效率较低，于是引进一种新的查找方法：折半查找法。

解法 2：折半查找法。折半查找法是效率较高的一种查找方法。假设有已经按照从小到大的顺序排列好的 10 个整数 $b_0 \sim b_9$，要查找的数是 x，其基本思想是，设查找数据的范围下限为 $m=0$，上限为 $n=4$，求中点 $mid=(m+n)/2$，用 x 与中点元素 mid 比较，若 x 等于 mid，即找到，停止查找；否则，若 x 大于 mid，替换下限 $m=mid+1$，到下半段继续查找；若 x 小于 mid，换上限 $n=mid-1$，到上半段继续查找；如此重复前面的过程直到找到或者 $m>n$ 为止。如果 $m>n$，说明没有此数，显示"该元素不在数列中"，程序结束。代码如下：

```
1.   #include<iostream>
2.   #include<stdlib.h>
3.   usingnamespace std;
4.   int main()
5.   {
6.       int b[10]={ 1,2,4,7,11,16,22,29,37,46 };   //声明并初始化数组 b
7.       int m, n, x, mid;
8.       m=0;
9.       n=9;
10.      cout <<"请输入需要查找的元素："<<endl;
11.      cin >>x;                                    //输入需要查找的元素
12.      while (m<=n)
13.      {
14.          mid=(m +n) / 2;                         //折半取中间值
15.          if (x==b[mid])                          //比较中间值是否是该元素
16.          {
17.              cout <<"找到该元素。"<<endl;
18.              break;
```

```
19.                }
20.            elseif (x >b[mid])                    //若中间值非该元素,缩小范围循环折半查找
21.                m=mid +1;
22.            else
23.                n=mid-1;
24.        }
25.        if (m >n)
26.            cout <<"该元素不在数列中。"<<endl;
27.        system("pause");
28.        return 0;
29.    }
```

该程序运行结果如图 5-9 所示。

```
请输入需要查找的元素:
6
该元素不在数列中。
请按任意键继续. . . ▄
```

图 5-9　例 5-5 的折半查找法运行结果

5.2　二维数组

在实际问题中,很多事物的确定需要两个因素,例如地图上某一点的位置,同时需要经度和纬度进行确定,在对这类数据进行存储时,就需要用到二维数组。

5.2.1　二维数组的定义

二维数组的声明格式如下:

数据类型 数组名[常量表达式 1] [常量表达式 2];

其中数据类型和数组名的含义与一维数组相同。例如:

```
1.    int a[4][5];                          //定义一个 4×5 的整型数组
2.    float b[3][2];                        //定义一个 3×2 的浮点型数组
3.    char c[6][7];                         //定义一个 6×7 的字符型数组
```

一维数组描述的是个线性序列,而二维数组描述的则是一个矩阵,其中[常量表达式 1]是行号,[常量表达式 2]为行内的编号。可以把二维数组看作特殊的一维数组。
例如:

int b[4][5];

定义了一个二维数组 b,它在逻辑上的空间形式为 4 行 5 列,即定义了 4 个一维数组 b[0]、b[1]、b[2]、b[3],而 b[0]、b[1]、b[2]、b[3]又是一个由 5 个元素构成的一维数组,共存放

20 个数组,其中每个数组元素都是整型数据,因此 b 数组的各元素如图 5-10 所示。

	b[0][0]	b[0][1]	b[0][2]	b[0][3]	b[0][4]
b[4][5]	b[1][0]	b[1][1]	b[1][2]	b[1][3]	b[1][4]
	b[2][0]	b[2][1]	b[2][2]	b[2][3]	b[2][4]
	b[3][0]	b[3][1]	b[3][2]	b[3][3]	b[3][4]

图 5-10　二维数组 b[4][5]示意图

5.2.2　二维数组的初始化

同一维数组一样,二维数组在使用前也应进行初始赋值,赋值方法同一维数组相似,有以下两种方式。

（1）对指定二维数组元素赋值。例如:

```
b[2][0]=5;                          //指定第 3 列第 1 个元素的值为 5
```

注意:在单个元素使用之前,不能省略对元素的初始赋值。

（2）对全部元素依次赋值。将各初始值按顺序连续地写在{ }内,在程序编译时会按照内存中排列顺序分别赋给数组元素,例如:

```
int b[2][5]={1,3,5,7,9,2,4,6,8,10};         //对二维数组的元素依次进行赋值
```

赋值后的二维数组可以看成 2 行 5 列的矩阵,如图 5-11 所示。

b[0][0]=1	b[0][1]=3	b[0][2]=5	b[0][3]=7	b[0][4]=9
b[1][0]=2	b[1][1]=4	b[1][2]=6	b[1][3]=8	b[1][4]=10

图 5-11　二维数组存储结构

二维数组中的元素是按行存储的,即在内存中先按顺序填充第 1 行的各列元素,再存放第 2 行的各个元素。

既然二维数组的元素是按行存储的,那么其赋值操作也可以按行进行。例如:

```
int b[2][5]={{1,3,5,7,9,},{2,4,6,8,10}};     //分行对二维数组进行赋值
```

① 省略维度对数组元素整体赋值。在对全部元素赋值时,二维数组的一维长度的声明可以省略,编译时系统会根据数组元素的总个数和第二维的长度对第一维的长度进行计算。例如:

```
int b[][5]={1,3,5,7,9,2,4,6,8,10};         //省略一维长度对二维数组赋初值
```

相当于语句:

```
int b[2][5]={1,3,5,7,9,2,4,6,8,10};
```

② 对数组的部分元素赋值。

```
int b[2][5]={1,3,5,7};                                          //对二维数组的前 4 个元素进行赋值
```

相当于给数组的第 1 行的前 4 位元素进行赋值,赋值后的数值情况如图 5-12 所示。

b[0][0]=1	b[0][1]=3	b[0][2]=5	b[0][3]=7	b[0][4]=0
b[1][0]=0	b[1][1]=0	b[1][2]=0	b[1][3]=0	b[1][4]=0

图 5-12　二维数组存储结构

省略维度对部分元素赋值:

```
int b[][5]={{1,3,5},{ }};                                       //省略一维长度对二维数组部分赋值
```

系统在编译时可以识别出数组有两行,各行元素如下:

```
int b[2][5]={{1,3,5,0,0},{0,0,0,0,0}};
```

5.2.3　二维数组的引用

和一维数组的引用相似,二维数组的引用同样是通过数组名和下标进行控制引用。使用的格式如下:

```
数组名 [下标表达式 1][下标表达式 2]
```

两个下标表达式可以看作元素所在的行号和列号。若下标 1 为 n,下标 2 为 m,则下标 1 的取值范围为 $0 \sim n-1$,下标 2 的取值范围为 $0 \sim m-1$。

【例 5-6】 定义一个二维数组,并输出数组的全部元素值。代码如下:

```
1.    #include<iostream>
2.    #include<stdlib.h>
3.    using namespace std;
4.    int main()
5.    {
6.        int b[2][3]={ 1,3,5,7,9,2 };              //定义一个二维数组 b[2][3]并初始化
7.        for (int i=0; i<2; i++)                   //控制下标 1 循环每组元素
8.        {
9.            for (int j=0; j<3; j++)               //控制下标 2 循环输出每个元素
10.           {
11.               cout <<"b["<<i <<"]["<<j <<"]=";
12.               cout <<b[i][j]<<endl;             //输出每个元素
13.           }
14.       }
15.       system("pause");
16.       return 0;
17.   }
```

程序运行结果如图 5-13 所示。

```
b[0][0]=1
b[0][1]=3
b[0][2]=5
b[1][0]=7
b[1][1]=9
b[1][2]=2
请按任意键继续. . . ▄
```

图 5-13　例 5-6 的运行结果

程序分析：二维数组的两个下标可以是整型常量或整型表达式，在例 5-6 中，使用循环方式依次输出数组元素，元素的下标是用整型表达式表示的。在引用二维数组元素时和一维数组一样也要注意下标越界的问题。

5.2.4　二维数组的内存结构及应用

1. 二维数组的内存结构

在前面的章节，可以了解到一维数组的内存结构，而二维数组又可以看成一个"特殊"的一维数组，可以推测到，二维数组同样也是按照顺序结构存储的。

以定义并初始化后的一个二维数组为例：

```
int b[3][3]={{0,3,6},{1,4,7},{2,5,8}};
```

这条语句初始化了一个 3×3 的二维数组，其存储形式如图 5-14 所示。

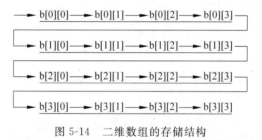

图 5-14　二维数组的存储结构

从图 5-14 中可以看出，二维数组的元素是按行存储的，即在内存中先存储第一行的元素，然后再存放下一行元素，而其中每一行元素的存储和一维数组元素的存储类似。

因为其存储的特性，对二维数组元素的寻址也和一维数组的寻址方式类似，数组名即是数组首元素的地址，根据数组中元素距首元素的距离可以算出该元素的存储地址。寻址公式如下：

```
address[i][j]=address[0][0] +(i·n+j)·w
```

其中，n 为该数组的第二维的维数，w 为每个元素所占存储空间的大小。

2. 二维数组的应用

【**例 5-7**】　输入一个 3×3 的二维数组，并输出其对角线元素的乘积。代码如下：

```
1.    #include<iostream>
2.    #include<stdlib.h>
3.    using namespace std;
4.    int main()
5.    {
6.        int b[3][3];                                      //声明一个二维数组
7.        int i, j, product=1;
8.        cout <<"请输入 3×3 的二维数组:"<<endl;
9.        for (i=0; i<3; i++)
10.         for (j=0; j<3; j++)
11.             cin>>b[i][j];                               //为二维数组输入初始值
12.             for (i=0; i<3; i++)
13.                 for (j=0; j<3; j++)
14.                 {
15.                     if (i==j)
16.                         product=product * b[i][j];       //计算对角线元素乘积
17.                 }
18.        cout <<"对角线乘积为:"<<"b[0][0] * b[1][1] * b[2][2]=";
19.        cout <<product <<endl;                            //输出对角线元素乘积
20.        system("pause");
21.        return 0;
22.    }
```

程序调试结果如图 5-15 所示。

```
请输入3×3的二维数组:
1 2 3
4 5 6
7 8 9
对角线乘积为: b[0][0]*b[1][1]*b[2][2]=45
请按任意键继续. . .
```

图 5-15 例 5-7 的运行结果

程序分析:本题的解题思路是判断元素的行号和列号是否相等,若相等则是主对角线上的元素,让这些元素相乘并输出结果。

【**例 5-8**】 求一个二维数组的鞍点,鞍点是指这个元素在所处的行上最大,列上最小的值。代码如下:

```
1.    #include<cstdio>
2.    #include<iostream>
3.    #include<stdlib.h>
4.    using namespace std;
5.    int main()
6.    {
7.        int b[4][4]={ { 5,3,10,6 },{ 4,7,8,2 },{ 2,6,11,8 },{ 1,8,9,5 } };
8.        int i, j, k, m, n, find=0;
```

```
9.          cout<<"数组 b:"<<endl;
10.         for (i=0; i<4; i++)
11.         {
12.             for (j=0; j<4; j++)
13.                 cout <<b[i][j] <<"\t";
14.             cout <<endl;
15.         }
16.         for (i=0; i<4; i++)                    //穷举所有的行
17.         {
18.             n=0;
19.             for (j=1; j<4; j++)
20.                 if (b[i][j]>b[i][n])n=j;        //找到第 i 行上最大的数 b[i][n]
21.             k=1;
22.             for (m=0; m<4; m++)                //对找到的该数穷举所有行
23.                 if (b[m][n]<b[i][n])k=0;        //判断如果不是本列上最小的数就直接排除
24.             if (k)                              //若确认是，就输出，并记录已找到
25.             {
26.                 cout <<"鞍点是:b["<<i <<"]["<<n <<"]="<<b[i][n] <<endl;
27.                 find=1;
28.             }
29.         }
30.         if (!find)                              //若未找到，则输出提示信息
31.             cout<<"此数组无鞍点"<<endl;
32.         system("pause");
33.         return 0;
34.     }
```

程序调试结果如图 5-16 所示。

```
数组b:
5       3       10      6
4       7       8       2
2       6       11      8
1       8       9       5
鞍点是: b[1][2] =8
请按任意键继续. . .
```

图 5-16 例 5-8 的运行结果

程序分析：本题的解题思路是先找到某一行的最大元素，再判断该元素是否在它所在列中最小，最终确定该数组是否有鞍点，并进行相应的鞍点输出或者"无鞍点"输出。

5.3 多 维 数 组

数组下标的个数表示数组的维度数，具有两个或两个以上下标的数组称为多维数组。二维数组也是多维数组。

多维数组声明的语法格式如下：

```
数据类型 数组名[常量表达式 1][常量表达式 2]…[常量表达式 n];
```

例如：

```
int c[3][2][4];                    //定义一个三维的整型数组
float d[1][2][4][3];               //定义一个四维的浮点型数组
```

对于多维数组的理解，可以参考二维数组，三维数组可以理解为每个元素是二维数组的一维数组，四维数组则同样可以理解为每个元素是三维数组的一维数组。

以三维数组为例，其结构如图 5-17 所示。

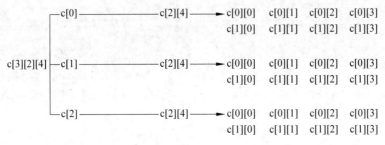

图 5-17　三维数组结构示意图

与二维数组相似，多维数组的初始化可以按行进行全部元素的初始化、顺序初始化或者部分初始化。举例如下。

（1）逐行赋值初始化：

```
int c[2][3][4]={{{1,2,3,4},{5,6,7,8},{9,10,11,12}},{{12,11,10,9},{8,7,6,5},{4,
3,2,1}}};
```

（2）顺序初始化：

```
int c[2][3][4]={1,2,3,4,5,6,7,8,9,10,11,12,12,11,10,9,8,7,6,5,4,3,2,1};
```

（3）部分元素初始化：

```
int c[2][3][4]={{{1},{5,6},{9,10,11}},{{12,11,10},{8,7},{4}}};
```

（4）省略维度的元素初始化：

```
int c[][3][4]={1,2,3,4,5,6,7,8,9,10,11,12,12,11,10,9,8,7,6,5,4,3,2,1};
```

由于数组元素的位置可以通过偏移量计算，所以对于一个三维数组 $c[i][j][k]$ 来说，元素 $c[m][n][o]$ 的所在地址是从首元素 $a[0][0][0]$ 算到 $(mik+nk+o)$ 个单位的地方。

在引用多维数组元素时，仍然采取数组名和下标的组合方式，语句如下：

```
数组名[常量表达式 1][常量表达式 2]…[常量表达式 n]
```

在这条语句中,下标仍然不能超出范围出现溢出的现象。

5.4 数 组 越 界

对数组元素的引用通过下标进行控制,例如:声明一个长度为 m 的数组 a,在引用数组 a 中的元素时,元素的下标取值范围为 $0\sim(m-1)$,当下标的取值大于等于 m 时,被称为下标越界。

注意:C 或 C++ 语言在编译时,考虑到程序的运行效率,不对数组做边界检查。因为如果进行下标检查,编译器就必须在生成的目标代码中加入额外的代码用于检测下标是否越界,这就会导致程序的运行速度下降。

当给数组元素赋值时,编译器将根据元素长度以及当前元素的下标决定将值存储在什么地方。例如,给 a[5] 赋值,编译器将偏移量 5 与元素长度相乘,然后从数组开头移动相应的字节数,并将值存储在相应的位置。

如果试图将值存储到 a[5],编译器将忽略没有相应元素的情况,将指定的值继续存储入相邻的存储单元内,并替换这个地方原有的数据。因此数组越界可能导致无法预期的结果,如程序崩溃。

程序运行时,这样的错误难以查找,因此访问数组时,要特别注意其长度。

5.5 字符数组与字符串

5.5.1 字符数组

用来存放字符型数据的数组称为字符数组,其元素是一个字符,声明格式如下:

```
char 数组名 [常量表达式];
```

例如:

```
char s[20];                    //声明字符数组
```

字符数组就是一个一维数组,其声明、初始化与引用操作与一维数组相同。例如:

```
char s[8]={'l', 'a', 'n', 'g', 'u', 'a', 'g', 'e'};        //字符数组初始化
```

在使用字符数组时,初值列表的字符通常很多,因此经常省略长度对其进行初始化赋值。例如:

```
char s[]={'l', 'a', 'n', 'g', 'u', 'a', 'g', 'e'};        //字符数组省略长度初始化
```

省略长度初始化的好处是不用人工计算字符的个数,而由编译器自动确定。

字符数组的内存结构和一维数组相同。例如,字符数组 s 初始化后的内存结构如图 5-18 所示。

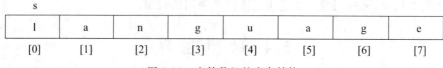

s							
l	a	n	g	u	a	g	e
[0]	[1]	[2]	[3]	[4]	[5]	[6]	[7]

图 5-18 字符数组的内存结构

实线框表示每个元素的内存形式,这里使用的是字符记号,实际上数据应是字符的 ASCII 值。

在使用字符数组时,只能逐个引用字符元素的值而不能一次引用整个字符数组对象。

【例 5-9】 连续输入字符,直到输入回车符,并将字符数组中"x"过滤输出。(结果显示问题,要有输入字符数组和输出字符数组的对比)。代码如下:

```
1.    #include<iostream>
2.    #include<stdlib.h>
3.    using namespace std;
4.    int main()
5.    {
6.        char s[50];
7.        int i, a=0;
8.        cout <<"请输入一串字符:" <<endl;
9.        while ((s[a]=cin.get()) !='\n')
10.           a++;                          //连续输入字符,直到输入回车为止
11.       cout <<"过滤 x 后:" <<endl;
12.       for (i=0; i<a; i++)
13.           if (s[i] !='x')
14.               cout <<s[i];              //过滤字符数组中所有的 x
15.       cout <<endl;
16.       system("pause");
17.       return 0;
18.   }
```

程序调试结果如图 5-19 所示。

程序分析:从运行情况来看,尽管数组 s 长度为 50,但实际运行输入还未达到这个长度(不允许超过)。所以使用变量 a 来记录输入字符的个数,后面的程序按 a 的长度来使用,而非按照长度 50 使用。

例 5-9 中字符数组最后输入的字符是'k',输出打印到这里就要停下来。所以在 for 循环语句打印字符数组时,是循环条件是'i<a'而非'i<50'。

```
请输入一串字符:
abcdefxghxixk
过滤x后:
abcdefghik
请按任意键继续. . .
```

图 5-19 例 5-9 的运行结果

5.5.2 字符串

在实际应用中,字符数组的实际存储字符个数不一定能满足数组的长度,因此需要始终记录字符数组存储字符的个数。若重新输入一串字符,该记录也要随之改变,因此引用一种更便捷的处理方式——string 字符串。

1. 字符串的概念

C++ 规定了字符串是以字符'\0'(ASCII 值为 0)作为结束符的字符数组,其中字符'\0'称为空字符(NULL 字符)或者零字符(Z 字符)。

字符串概念的引入解决了字符数组在使用上的诸多不便。字符串不需要对字符个数进行记录,只需在一串字符后加上一个空字符,通过判断程序中数组元素是否为空字符就可以判断该字符串是否结束,只要遇到空字符的数组元素,就表示字符串在此位置结束。

字符串的长度指的是指空字符之前字符的个数(不包括空字符)。如果第一个字符就是空字符,则该字符串被称为空字符串,此时,字符串长度为 0。

有了字符串的概念,便能使 C++ 方便地标识文本信息。尽管字符串不是 C++ 的内置数据类型,但是应用程序通常都将它当作基本类型使用,称为 C 风格字符串(C-style String)。

2. 字符串的存储结构

因为空字符也要占据内存空间,这就要求定义字符数组时应充分估计字符串的最大长度,保证数组长度始终大于字符串长度,以免发生数组越界。

字符串常量是字符串的常量形式,是用一对双引号括起来的字符序列。C++ 总是在编译时自动在字符串常量末尾增加一个空字符,即使字符串本身带有空字符也是如此。

例如:字符串"language\0"的存储形式如图 5-20 所示。

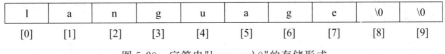

l	a	n	g	u	a	g	e	\0	\0
[0]	[1]	[2]	[3]	[4]	[5]	[6]	[7]	[8]	[9]

图 5-20　字符串"language\0"的存储形式

该字符串长度为 8,数组长度为 10。

因为字符串会在遇到第一个空字符时计算长度,所以如果在字符串内插入空字符,字符串的长度会被截断。例如,"lang\0uage"的存储形式如图 5-21 所示。

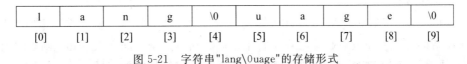

l	a	n	g	\0	u	a	g	e	\0
[0]	[1]	[2]	[3]	[4]	[5]	[6]	[7]	[8]	[9]

图 5-21　字符串"lang\0uage"的存储形式

该字符串含有一个空字符,虽然字符数组长度是 10,但字符串实际长度为 4。因为字符串结束在了第 1 个空字符的位置上,这种情况被称为截断字符串。

空字符串的长度为 0,但依然需要占据字符数组空间,例如,空字符串" "的存储形式如图 5-22 所示。

空字符是字符串处理中最重要的信息,如果一个字符数组中没有空字符,程序往往会因为没有结束标识而发生数组越界问题。

\0
[0]

图 5-22　空字符串的
　　　　存储形式

3. 字符串的声明和初始化

字符串使用字符数组的形式进行存放,其声明方式如下:

```
char 字符串名[常量表达式];
```

C++ 在字符数组初始化时允许使用字符串常量,例如:

```
1.    char s[10]={"language"};
2.    char s[10]="language";
```

以上两种初始化方式效果相同。也可以省略长度进行初始化,例如:

```
char s[]="language";
```

如果将字符串初始化写成:

```
char s[10]={'l', 'a', 'n', 'g', 'u', 'a', 'g', 'e'};
```

此时 s 不能算作字符串,因为没有空字符。

如果字符数组声明的长度大于赋值个数,按照一维数组的规定,只初始化前面的字符元素,而剩余元素的初始化为 0,即空字符。

4. 字符串的输入和输出

(1) 逐个字符输入输出。通过遍历数组元素,使用 cin. get( )逐个字符进行输入输出操作。

(2) 使用标准的输入输出函数。

① 使用格式化输入输出函数,例如:

```
1.    char s[50];                    //定义字符数组
2.    scanf("%s",s);                 //使用%s输入字符串
3.    printf("%s",s);                //使用%s输出字符串
```

scanf 和 printf 函数允许字符串输入输出,而输出项必须是字符数组名而不能时字符元素。

在使用 scanf 函数将空格、Tab 和回车作为输入项的间隔,所以输入字符串时遇到这 3 种字符便结束。输入完成后程序会在字符串末尾添加空字符。同样在 printf 函数输出字符串时,只要遇到第 1 个空字符就结束,而不管是否到了字符数组的末尾。

② 使用标准输入输出流,将整个字符串一次输入或输出,例如:

```
1.    char s[50];
2.    cin>>s;                        //输入字符串
3.    cout<<s;                       //输出字符串
```

使用 cin 输入字符串时,从键盘输入的字符个数应小于字符串定义的数组长度,防止数组越界。这种输入方式同输入输出函数相似的是也不可使用空格、Tab 和回车进行字符串内间隔。

在 C++ 中还提供了 getline 函数,用于输入一行字符或一行字符前面的若干字符。

使用字符串输入输出函数

① gets 函数。格式如下:

```
char * gets(char * s);
```

gets 函数输入一个字符串到字符数组 s 中, s 是字符数组或指向字符数组的指针, 其长度应该足够大, 以便容纳输入的字符串。

gets 函数可以输入空格和 Tab, 但不能输入回车。gets 输入完成后, 在字符串末尾自动添加空字符。

② puts 函数。格式如下:

```
int puts(char * s);
```

puts 函数输出 s 字符串, 遇到空字符结束, 输完后再输出一个换行符'\n'。s 是字符数组或指向字符数组的指针, 返回值表示输出字符的个数。同样, 如果字符串中没有空字符, puts 也会引起数组越界。puts 输出的字符不包含空字符。

5.5.3 C++ 字符串类

使用 C 语言风格字符串, 字符串的本质上是字符数组。为了存放字符串, 必须定义一个字符数组, 由于字符数组总有固定大小, 对于字符串的处理, 如果没有足够的数组长度, 就容易导致数组越界。因此用字符数组来存放字符串并不方便。

C++ 提供了一种新的自定义类型——字符串类 string。采用类来实现字符串, 这种方式采用动态内存管理, 甚至可以不用有字符数组的概念; 可以检测并控制越界之类的异常, 提高了使用的安全性; 封装字符串并进行多种处理操作, 功能性增强; 也可以按照运算符的形式操作字符串, 简化了字符串的使用操作。

在使用 string 类之前, 需要将其头文件包含到程序中, 预处理命令如下:

```
#include<string>;                              //此处不可写成 string.h
```

5.5.4 常用字符串操作函数

① strcat 函数。格式如下:

```
strcat(字符串 1,字符串 2)
```

功能: 将字符串 2 中的字符串连接到字符串 1 中的字符串后面。

【例 5-10】 连接两个字符串。代码如下:

```
1.    #include<iostream>
2.    #include<stdlib.h>
3.    #include<string>
4.    using namespace std;
5.    int main()
6.    {
7.        char s1[20]="C++";
8.        char s2[20]="language";
```

```
9.        strcat(s1, s2);                                      //将 s2 连接到 s1 后面
10.       cout <<"string1:"<<s1 <<endl;
11.       cout <<"string2:"<<s2 <<endl;
12.       system("pause");
13.       return 0;
14.   }
```

程序运行结果如图 5-23 所示。

```
string1:c++language
string2:language
请按任意键继续. . . ▪
```

图 5-23　例 5-10 的运行结果

② strcpy 函数。格式如下：

```
strcpy(字符串 1,字符串 2)
```

功能：将字符串 2 复制给字符串 1。

【例 5-11】　复制字符串。代码如下：

```
1.    #include<iostream>
2.    #include<stdlib.h>
3.    #include<string>
4.    using namespace std;
5.    int main()
6.    {
7.        char s1[20]="C++";
8.        char s2[20]="language";
9.        strcpy(s1, s2);                                      //将 s2 复制到 s1 中
10.       cout <<"string1:"<<s1 <<endl;
11.       cout <<"string2:"<<s2 <<endl;
12.       system("pause");
13.       return 0;
14.   }
```

程序运行结果如图 5-24 所示。

```
string1:language
string2:language
请按任意键继续. . . ▪
```

图 5-24　例 5-11 的运行结果

③ strcmp 函数。格式如下：

```
strcmp(字符串 1,字符串 2)
```

功能：将字符串 s1 和字符串 s2 从左向右逐个字符进行比较，直到遇到不同的字符结束，若 s1 大于 s2，则返回值大于 0；若 s1 小于 s2，则返回值小于 0；当两字符串相等时，返回值为 0。

【例 5-12】 比较两个字符串。代码如下：

```
1.    #include<iostream>
2.    #include<stdlib.h>
3.    #include<string>
4.    using namespace std;
5.    int main()
6.    {
7.        char s1[20]="C++";
8.        char s2[20]="language";
9.        int flag;
10.       flag=strcmp(s1, s2);                          //判断两字符串是否相等
11.       if (flag >0)
12.           cout <<"s2 大于 s1!"<<endl;
13.       else if (flag <0)
14.           cout <<"s1 大于 s2!"<<endl;
15.           else
16.               cout <<"s1 和 s2 相等!"<<endl;
17.       system("pause");
18.       return 0;
19.   }
```

程序运行结果如图 5-25 所示。

```
s1大于s2!
请按任意键继续. . .
```

图 5-25　例 5-12 的程序运行结果

④ strlen 函数。格式如下：

```
strlen(字符串)
```

功能：统计字符串中字符的个数并返回。

【例 5-13】 统计字符串中字符的个数。代码如下：

```
1.    #include<iostream>
2.    #include<stdlib.h>
3.    #include<string>
4.    using namespace std;
5.    int main()
6.    {
7.        char s[ ]="C++language";                      //声明字符串
```

```
8.          int count;
9.          count=strlen(s);                          //取得字符串长度
10.         cout <<"s 字符串有"<<count <<"个字符!"<<endl;
11.         system("pause");
12.         return 0;
13.     }
```

程序运行结果如图 5-26 所示。

s字符串有12个字符!
请按任意键继续. . .

图 5-26　例 5-13 的运行结果

5.6　对 象 数 组

5.6.1　对象数组的声明及引用

数组不仅可以由整型数组、字符数组等简单的变量组成,也可以由对象组成。数组元素均为对象的数组称为对象数组。

例如:

```
Student s[30];                          //数组 s 的每一个元素都是 Student 类的对象
```

声明一个一维对象数组的格式如下:

```
类名 数组名[常量表达式];
```

引用公有的对象数组元素格式如下:

```
数组名[下标].成员名
```

在声明对象数组时,同样要初始化每个数组元素。如果类定义时提供了带参数的构造函数,定义数组对象时可以提供实参实现初始化。每个元素的实参分别对应一组构造函数的实参。例如:

```
1.      Student s[2]={
2.          Student("Tony", 201701, 18, 98);          //初始化对象数组第一个元素
3.          Student("Jim", 201702, 19, 90);           //初始化对象数组第二个元素
4.      };
```

5.6.2　对象数组的应用

【例 5-14】　设计一个学生类,假设该班有 10 名学生,计算这个班学生的平均成绩。

代码如下:

```cpp
1.    #include<iostream>
2.    #include<stdlib.h>
3.    #include<string>
4.    using namespace std;
5.    class Student                              //声明一个学生类
6.    {
7.        public:
8.            Student(string n,int i,int g);       //声明构造函数
9.            ~Student();
10.           int GetGrade();
11.       private:
12.           string name;
13.           int id;
14.           int grade;
15.   };
16.   Student::Student(string n,int i,int g)
17.   {
18.       name=n;
19.       id=i;
20.       grade=g;
21.   }
22.   Student::~Student()
23.   {
24.   }
25.   int Student::GetGrade()
26.   {
27.       return grade;
28.   }                                          //获得成绩
29.   int main()
30.   {
31.       int sum=0;
32.       Student s[10]={
33.           Student("Amy",201701,88),
34.           Student("Barry",201702,79),
35.           Student("Cindy",201703,90),
36.           Student("Dolly",201704,80),
37.           Student("Emily",201705,79),
38.           Student("Fey",201706,93),
39.           Student("Galler",201707,84),
40.           Student("Hardy",201708,98),
41.           Student("Jane",201709,60),
42.           Student("Joe",201710,58),
43.       };                                     //对象数组初始化
44.       for (int i=0; i <10; i++)
```

```
45.        {
46.            sum +==s[i].GetGrade();
47.        }                                              //累加每个学生的成绩
48.        cout <<"全班平均成绩为:"<<sum / 10 <<endl;
49.        system("pause");
50.        return 0;
      }
```

程序运行结果如图 5-27 所示。

```
全班平均成绩为：80
请按任意键继续. . .
```

图 5-27　例 5-14 的运行结果

程序分析：定义一个学生对象数组表示 10 个学生对象，再定义一个获取学生年龄的成员函数 GetGrade()。

【**例 5-15**】　设计一个成绩统计程序，录入 5 名学生的数学、英语、计算机 3 科成绩并列出 5 名学生 3 科成绩的总分和平均分。代码如下：

```
1.    #include<iostream>
2.    #include<string>
3.    #include<stdlib.h>
4.    #include<iomanip>
5.    using namespace std;
6.    class Student                                      //声明学生类
7.    {
8.        private:
9.            int ID;
10.           string name;
11.           int math;
12.           int english;
13.           int computer;
14.       public:
15.           void input();
16.           int SumGrade();
17.           double AverageGrade();
18.           void display();
19.   };
20.   void Student::input()
21.   {
22.       cin >>ID;
23.       cin >>name;
24.       cin >>math;
25.       cin >>english;
26.       cin >>computer;
```

```
27.    }                                                       //定义输入函数
28.    int Student::SumGrade()
29.    {
30.        return math+english+computer;
31.    }                                                       //定义计算总成绩函数
32.    double Student::AverageGrade()
33.    {
34.        return (math+english+computer) / 3.0;
35.    }                                                       //定义计算平均成绩函数
36.    void Student::display()
37.    {
38.        cout <<ID <<'\t' <<name <<'\t' <<math <<'\t' <<english <<'\t';
39.        cout <<computer <<'\t' <<SumGrade() <<'\t' <<setiosflags(ios::
           fixed) <<setprecision(1) <<AverageGrade() <<endl;
40.    }                                                       //定义成绩显示函数
41.    int main()
42.    {
43.        int i;
44.        Student s[5];
45.        cout <<"请输入 5 个学生的信息(学号 姓名 数学成绩 英语成绩 计算机成绩)"<<endl;
46.        for (i=0; i<5; i++)
47.        {
48.            s[i].input();
49.        }                                                   //录入 5 名学生信息
50.        cout <<"学号      姓名       数学      英语      计算机      总分      平均分"<<endl;
51.        for (i=0; i<5; i++)
52.        {
53.            s[i].display();
54.        }
55.        system("pause");
56.        return 0;
57.    }                                                       //输出学生成绩单
```

程序运行结果如图 5-28 所示。

```
请输入5个学生的信息(学号 姓名 数学成绩 英语成绩 计算机成绩)
1001 Amy 90 93 97
1002 Barry 68 64 66
1003 Cindy 88 84 92
1004 Dolly 70 74 72
1005 Emily 66 90 60
学号      姓名      数学      英语      计算机      总分      平均分
1001      Amy       90        93        97         280       93.3
1002      Barry     68        64        66         198       66.0
1003      Cindy     88        84        92         264       88.0
1004      Dolly     70        74        72         216       72.0
1005      Emily     66        90        60         216       72.0
请按任意键继续. . .
```

图 5-28 例 5-15 的运行结果

程序分析：与上题相似，定义一个学生对象数组表示 5 个学生对象，并定义输入学生成绩的成员函数 input()、计算学生总成绩函数 SumGrade()、计算学生 3 科平均成绩函数 AverageGrade()和显示成绩单函数。

本 章 小 结

数组是具有一定顺序关系的若干对象的集合体，用一个名字命名，被存储在一段连续的内存空间中。组成数组的对象称为该数组的元素，数组元素用数组名和带方括号的下标表示，同一数组的元素具有相同的类型。

数组元素的下标个数称为数组的维数，每个元素有 n 个下标的数组称为 n 维数组。一维数组的元素只需要用数组名和一个下标就能唯一确定。二维数组的第 1 个下标称为行标，第 2 个下标称为列标。

用来存放字符数据的数组就是字符数组。字符串是一种特殊的字符数组，以字符串结束标志'\0'作为最后一个元素。

习 题 5

1. 说明 int a[10]和 a[9]的区别，并解释[]中数字的含义；

2. 说明以下代码输出的结果：

```
double a[5]={9,4,6,2,7};
cout<<"a[0]="<<a[0]<<" "<<"a[2]="<<a[2]<<" "<<"a[4]="<<a[4]<<endl;
a[0]=a[4];
cout<<"a[0]="<<a[0]<<""<<"a[4]="<<a[4]<<endl;
```

3. 判断以下代码是否有错，并改正出错的代码：

    A. int a[4]= {9,4,6,2,7};

    B. int a[ ]= {9,4,6,2,7};

    C. const int B= 3;

    D. int x[B];

4. 编写程序将 10 个非负整数写入 number 数组，在屏幕上从大到小排序显示这些整数；

例如：输入内容为：

```
9,4,6,3,11,25,2,5,7,8
```

输出内容为：

```
2,3,4,5,6,7,8,9,11,25
```

5. 编写代码，在数组 a(声明如下)中填充从键盘输入的值。要求每行输入 5 个数，共 4 行。

6. 说明以下代码输出的结果：

```cpp
#include<cstdio>
#include<iostream>
#include<stdlib.h>
#include<string>
using namespace std;
int main()
{
    string s1, s2;
    cout <<"请输入字符串:" <<endl;
    cin >>s1 >>s2;
    cout <<s1 <<" * " <<s2 <<"输出结束" <<endl;
    system("pause");
    return 0;
}
```

7. 说明以下代码的输出结果：

```cpp
#include<cstdio>
#include<iostream>
#include<stdlib.h>
#include<string>
using namespace std;
int main()
{
    string s1, s2("C Enjoy studying C++  language!");
    s1=s2;
    s2[0]='I';
    cout <<s1 <<endl <<s2 <<endl;
    system("pause");
    return 0;
}
```

8. 定义一个时间类 Time,其具有数据成员 h、m、s,表示当前时间的时、分、秒。设计该类要实现的功能(相应的类成员函数)。

例如,下面给出的类结构可以用来实现对时、分、秒的增加,并对现在的时间进行输出。实现各成员函数,并编写 main 函数,说明 Time 类对象,对定义的各成员函数进行调用。其中,对时、分、秒的增加要进行"进位"处理。分和秒超过 60 则要进位,超过 24 小时后要进行清零操作,PrintTime( )可以用 am(上午)或 pm(下午)的格式在屏幕上输出时间对象等。

```cpp
class Time                              //定义时间类 Time
{
    int h,m,s;                          //私有成员数据,时分秒
```

```
    public:
        Time(int h0=0,int m0=0,int s0=0);        //构造函数,设定时分秒及其初始值
        void AddSecond(int second);              //增加秒数,second>0
        void AddMinute(int minute);              //增加分数,minute>0
        void AddHour(int hour);                  //增加时数,hour>0
        void PrintTime();                        //屏幕输出时间对象的有关数据
};
```

9. 实现一个带有虚函数和析构函数的类,并在其基础上派生一个类,重定义该虚函数,并尝试在析构函数中调用该虚函数,观察实际调用的虚函数版本。

第 6 章　指　　针

【本章内容】

- 初入指针；
- 利用指针访问对象；
- 指针的算术运算；
- 数组指针和指针数组；
- 指向指针的指针；
- 指针参数和函数性指针；
- const 与指针；
- 对象指针和 this 指针。

在本章中引用了指针的概念。指针是学习计算机语言的难点之一，同样也是十分重要的。它就像其他变量一样，不同的是一般变量包含的是实际而真实的数据，而指针包含的是一个指向内存中某个位置的地址。

本章中将介绍指针、利用指针访问对象、指针的算术运算、数组指针和指针数组、指向指针的指针。指针参数和函数指针、const 与指针和对象指针等，能够使读者从入门状态下到对指针的初步了解。在本章还给出了针对性的程序以及它们的相应解释，对于关键性的语法也做出了明确地说明。

6.1　一　维　数　组

6.1.1　指针的定义及其初始化

指针是一种基本的变量，其值为另一个变量的地址。与其他内置类型一样，在使用指针存储其他变量地址之前应对其进行声明，如果没有被初始化，也将拥有一个不确定的值。对指针变量赋值的过程，就是使指针变量指向一个新的内存空间的空间。

指针的定义与其他变量的定义十分相似，其结构如下：

```
数据类型 * 变量名；
```

例如：

```
int * p,double * p1,char * p2;
```

p 是指向 int 型对象的地址，p1 是指向 double 型对象的地址，p2 是指向 char 型对象的地址。

【例 6-1】　指针的初始化。代码如下：

```
1.      #include <iostream>
2.      using namespace std;
3.      int main(void)
4.      {
5.          int a=3;
6.          int * p=&a;                        //p 储存了 a 的地址,即 p 指向 a
7.          cout <<" * p="<< * p<<endl;
8.          double b=4.3;
9.          double * p1=&b;                     //p1 储存了 a 的地址,b 为 double 型
10.         cout <<" * p1="<< * p1<<endl;
11.         double * p2=0;                      //p2 为空指针,不指向具体对象
12.         p2=p1;                              //p2 和 p1 都指向变量 b 的地址
13.         cout <<" * p2="<< * p2<<endl;
14.         return 0;
15.     }
```

运行结果如图 6-1 所示。

程序分析：

第 6、9、11 行：该程序定义了指向 int 型的指针 p
和指向 double 型的指针 p1、p2,分别对它们进行了初
始化。

第 12 行：将 p1 的地址赋给 p2。

第 10、13 行：输出指针 p1 和 p2 的值。

建议初始化所有指针。当不确定指针该指何处时,

```
*p = 3
*p1 = 4.3
*p2 = 4.3
--------------------------------
Process exited with return value 0
Press any key to continue . . . ▮
```

图 6-1 例 6-1 的运行结果

就把它初始化为 nullptr 或者 0,即空指针。在多数编译环境之下,未初始化指针所占内存
空间的当前内容会被看作一个地址。如果恰好空间中有内容,而内容又被当做了某个地址,
则很难判断它是否合法。

6.1.2 void 指针

void 即"无类型",void * 则为"无类型指针",可以指向任何数据类型。它十分特殊,不
能直接操作 void * 指针所指的对象,因为并不知道所指对象的类型,它可能是任意的,不能
确定能在这个对象上能做哪些操作。

当关键词 void 做形参列表的时候,表示该函数不需要参数。同样地,void 也可以作为
函数的返回值,则它表示为无返回值类型,即 void 指针。

【例 6-2】 void * 指针程序。代码如下：

```
1.      #include<iostream>
2.      using namespace std;
3.      int main()
4.      {
5.          float * p1;                        //p1 为指向 float 类型的指针
6.          int * p2;                          //p2 为指向 int 类型的指针
```

```
7.        p1=(float)p2;                           //将 p2 进行强制转换
8.        void * p1;                               //void*型指针
9.        int * p2;
10.       p1=p2;                                   //将 p2 赋给 p1
11.
12.       return 0;
13.   }
```

程序分析：

- 第 5、6 行：定义了两个不同类型的指针 float ＊ p1 和 int ＊ p2。
- 第 7 行：进行强制转换。
- 第 8 行：void ＊ 则不同，任何类型的指针都可以直接赋值给它，无须强制转换。

6.2　利用指针访问对象

指针与引用类似，可实现对其他对象的间接访问。而且在它的生命周期内可先后指向几个不同的对象，是允许赋值和复制的。指针常用来指向一个对象的地址，然后通过指针来访问和使用这个对象。

当需要通过指针访问对象时，需要使用到解引用符（操作符 ＊ ）。

【例 6-3】　两种方式的对比。代码如下：

```
1.    #include<iostream>
2.    using namespace std;
3.    int main(void)
4.    {
5.        int a=1024;
6.        int * p=&a;
7.        cout <<p<<endl;                          //输出 p 指向的地址
8.        cout << * p <<endl;                      //输出 p 指向地址的内容
9.        * p=2048;                                //通过 p 指针修改 a 的值
10.       cout <<p <<endl;
11.       cout << * p <<endl;                      //检验值是否改变
12.       return 0;
13.   }
```

运行结果如图 6-2 所示。

程序分析：

第 5、6 行：在该程序中，定义了变量 a 和指向 int 型的指针 p，使指针 p 指向 a 变量的地址。

第 10、11 行：利用 cout 分别对 p 和 ＊ p 进行输出，通过程序可以看到 p 和 ＊ p 的输出结果是不一样的，p 输出的是变量 a 的地址，而 ＊ p 输出的是变量 a 的数值。此

```
0x29fef8
1024
0x29fef8
2048

--------------------------------
Process exited with return value 0
Press any key to continue . . .
```

图 6-2　例 6-3 的运行结果

时,星号(＊)是解引用符的作用,通过指针来访问地址中的数值。

6.3 指针的算术运算

6.3.1 指针的递增递减

指针是一个用数值表示的地址,因此,可以对指针执行算术运算,以及＋＋、－－运算。

假设指针 p 是一个指向地址为 1000 的整型指针,地址存放的是一个 32 位的整数。如果对该指针执行下列运算 p++,则在执行上述运算后,指针 p 的将指向位置 1004。因为指针 p 每增加一次,它都将指向下一个整数位置,即当前位置向后移动 4B 长度。这种运算不会影响内存位置中的实际值,仅仅将指针移动到下一个内存位置。同理,假如 p 是一个指向地址为 1000 的字符型指针,则 p＋＋运算会使指针指向 1001,因为字符型变量的长度为 1B,所以下一个字符位置是在 1001。

用指针代替数组时,因为变量指针可以递增,而数组不能递增,因为数组是一个常量指针。

【例 6-4】 指针的递增递减。代码如下:

```
1.     #include<iostream>
2.     using namespace std;
3.     const int MAX=5;
4.     int main()
5.     {
6.         int array[MAX]={10,100,200,300,500};
7.         int * p;
8.         p=array;                          //指针指向数组的地址
9.         for(int i=0;i<MAX;i++)
10.        {
11.            cout <<"The Address of array["<<i
12.            <<"]="<<p <<endl;
13.            cout <<"array["<<i<<"]="
14.            << * p <<endl;
15.            p++;                          //对指针进行++运算
16.        }
17.        cout<<endl;
18.        int   * p1;
19.        p1=&array[MAX-1];                 //使 p 指针指向数组的最后一个元素
20.        for (int i=MAX; i>0; i--)
21.        {
22.            cout <<"The Address of array[" <<i <<"]=";
23.            cout <<p1 <<endl;
24.            cout <<"array[" <<i <<"]=";
25.            cout << * p1<<endl;
26.            p1--;
```

```
27.          }
28.          return 0;
29.    }
```

运行结果如图 6-3 所示。

程序分析：

第 6 行：该程序定义了数组长度为 MAX 的数组，MAX 的值为 5.这个数组含有 5 个元素，每个元素有对应存放它们的地址。

第 7、8 行：程序中定义了一个 int 型的指针 p，并将数组的首地址赋给了 P。

第 9～16 行：循环 5 次，每一次都让指针进行 p++ 的操作，可以观察到 p 存放的地址是递增变化的，元素从 10 按顺序输出到了 500。

第 18 行：对于指针递减的操作，定义了指针 p1，同样地该指针也是 int 类型。

第 19～27 行：首先将数组的尾地址 array[MAX-1] 赋给指针 p1，5 次循环从数组的最后一个元素 500 开始输出，每次指针进行递减的操作 p1-- ，可以观察到输出过程是按照指针地址由大到小的顺序，倒序输出的。

```
The Address of array[0] = 0x29fecc
array[0] = 10
The Address of array[1] = 0x29fed0
array[1] = 100
The Address of array[2] = 0x29fed4
array[2] = 200
The Address of array[3] = 0x29fed8
array[3] = 300
The Address of array[4] = 0x29fedc
array[4] = 500

The Address of array[5] = 0x29fedc
array[5] = 500
The Address of array[4] = 0x29fed8
array[4] = 300
The Address of array[3] = 0x29fed4
array[3] = 200
The Address of array[2] = 0x29fed0
array[2] = 100
The Address of array[1] = 0x29fecc
array[1] = 10

-------------------------------
Process exited with return value 0
Press any key to continue . . .
```

图 6-3　例 6-4 的运行结果

6.3.2　指针的加与减

C++ 中两个地址可以进行减法运算，但是只允许储存同一数据类型的地址间的相减，其差值为地址的实际差值除以该数据类型的字长，但地址之间是不能进行加法运算的。它可以和整型变量进行加减运算，但也不能进行加法运算，也是非法操作。因为进行加法后，会导致指针指向一个不确定的地方。两个指针是可以进行减法操作的，但那必须类型相同，尤其是在数组方面。

【例 6-5】 指针的加减法。代码如下：

```
1.     #include<iostream>
2.     using namespace std;
3.     int main()
4.     {
5.          int array[50];
6.          for(int i=0;i<50;i++)
7.          {
8.               array[i]=i;                        //给数组复制 0-49
9.          }
10.         int * p=array;
11.         cout <<"p的初始位置: "<<endl;
```

143

```
12.        cout << * p <<endl;                                    //p 指向 a[0]
13.        p+=5;                                                   //将指针加 5
14.        cout <<"p+5 后的位置: "<<endl;
15.        cout << * p <<endl;
16.        p=&array[1]+(&array[8]-&array[6]);                      //1 + (8-6)
17.        cout <<"对地址加减后: "<<endl;
18.        cout << * p <<endl;
19.        return 0;
20.    }
```

程序运行结果如图 6-4 所示。

程序分析:

编译器对指针 p+1 是这样处理的: 它把指针 p 的值加上了 int 类型的长度, 在 32 位程序中, 是被加上了 4, 因为在 32 位程序中, int 占 4 B 空间。由于地址是用字节做单位的, 故 p 所指向的地址由原来的变量 array[0] 的地址向后增加了 4B 空间, 即增加到了 array[1]。

第 13 行: 在该程序中 p+=5, 所以在最后 p 获得的地址是 array[5]。

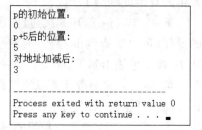

```
p的初始位置:
0
p+5后的位置:
5
对地址加减后:
3
--------------------------------
Process exited with return value 0
Press any key to continue . . .
```

图 6-4   例 6-5 的运行结果

6.3.3   指针的比较

指针可以用关系运算符进行比较, 例如==、<和>。如果 p 和 p1 两个相关的变量, 例如同一个数组中的不同元素, 它们的数据类型是相同的, 则就可对 p1 和 p2 进行大小的比较, 来实现某些操作。

【例 6-6】   指针的比较。代码如下:

```
1.     #include<iostream>
2.     #define MAX 3
3.     using namespace std;
4.     int main()
5.     {
6.         int  array[MAX]={10, 20, 30};
7.         int  * p;
8.         //指针中第一个元素的地址
9.         p=array;
10.        if(p +1 >p){
11.            cout <<"数组第一个元素为 "<< * p<<endl;
12.            cout <<"数组第二个元素为 "<< * (p +1)<<endl;
13.            cout <<"第二个元素比第一个大"<<endl;
14.        }
15.        if(p+2 >p+1 ){
16.            cout <<endl;
```

```
17.              cout <<"数组第二个元素为 "<< * (p+1)<<endl;
18.              cout <<"数组第三个元素为 "<< * (p+2)<<endl;
19.              cout <<"第三个元素比第二个大"<<endl;
20.          }
21.      return 0;
22.  }
```

程序运行结果如图 6-5 所示。

程序分析：

第 6 行：该程序定义了长度为 3 的数组，需要注意的是这是一个其元素递增的数组，由于数组的地址是递增的，比较指针指向地址大小的同时，也就对元素进行了比较。

第 10～14 行：通过程序可观察到，第二个元素大于第一个元素。

第 15～20 行：第三个元素大于第二个元素，间接地利用了指针的比较来确定元素的大小。

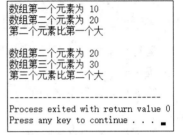

图 6-5　例 6-6 的运行结果

6.4　数组指针和指针数组

6.4.1　数组指针

数组指针指的是指向数组的指针，该指针存放的是数组的地址。如 6.3 节所示，指针是可以指向 int 型，char 型等变量类型，同样地它也是可以指向数组的。

数组指针的定义方式是 int（ * p)[n]，在这里（)优先级高，首先说明 p 是一个指针，指向一个整型的一维数组，这个一维数组的长度是 n，也可以说是 p 能向后移动的长度。当 p＝p＋1 时，p 所指向的是含有数组第二个元素的数组。

【例 6-7】 数组指针。代码如下：

```
1.    #include<iostream>
2.    using namespace std;
3.    int main()
4.    {
5.        //带有 5 个元素的整型数组
6.        double array[5]={1.1, 2.1, 3.1, 4.1, 5.1};
7.        double * p;
8.        p=array;
9.        //输出数组中每个元素的值
10.       cout<<"数组指针的值 "<<endl;
11.       for ( int i=0; i<5; i++)
12.       {
13.           cout <<" * (p+" <<i <<")=";
```

```
14.              cout << * (p+i) <<endl;
15.          }
16.      cout <<"数组 array 的数组值 " <<endl;
17.      for ( int i=0; i<5; i++)
18.      {
19.          cout <<" * (array +" <<i <<")=";
20.          cout << * (array +i) <<endl;
21.      }
22.      return 0;
23.  }
```

运行结果如图 6-6 所示。

程序分析：

第 6 行：该程序定义了一个 double 类型的数组 array[5]。

第 8 行：然后将数组的地址赋给了指针 p。

第 11～15 行：遍历访问，通过指针的后移，将数组遍历地进行了输出。

第 17～21 行：通过对数组的学习可以了解到，也可以通过数组的下标，来实现数组的访问。例如，将数组的下标逐次加 1，实现了数组的全部输出。

```
数组指针的值
*(p + 0) = 1.1
*(p + 1) = 2.1
*(p + 2) = 3.1
*(p + 3) = 4.1
*(p + 4) = 5.1
数组array的数组值
*(array + 0) = 1.1
*(array + 1) = 2.1
*(array + 2) = 3.1
*(array + 3) = 4.1
*(array + 4) = 5.1

--------------------------------
Process exited with return value 0
Press any key to continue . . .
```

图 6-6　例 6-7 的运行结果

6.4.2　指针数组

如果一个数组的全部元素都是指针，就被称为指针数组。它的定义方式如下：

```
int * p[n]
```

其中，[]的优先级较高，与 p 结合才形成一个数组，int * 表明该数组是指向整型的指针类型数组，数组中的每一个元素相当于一个指针变量，它的值都是地址。需要的注意的是，不能写成

```
int(*p)[n]
```

的形式，否则就变成数组指针了。

数组指针与指针数组的区别如下。

（1）指针数组：在 32 位系统下，任何类型的指针永远占据着 4B 空间，首先指针数组是一个数组，它的元素都是指针，数组占多少个字节由数组本身的大小决定，每一个元素都是一个指针。

（2）数组指针：首先它是一个指针，指向一个数组。在 32 位系统下任何类型的指针永远是占 4B 空间，至于它指向的数组占多少字节，不知道，具体要看数组大小。它是"指向数组的指针"的简称。

【例 6-8】　数组指针和指针数组的区别。代码如下：

```
1.    #include<cstdio>
2.    #include<iostream>
3.
4.    using namespace std;
5.
6.    int main()
7.    {
8.        int array[3][4]={{1,2,3,4},{5,6,7,8},{9,10,11,12}};
9.
10.       int (*p)[4];                    //定义了数组指针,数组元素有 4 个
11.       p=array;                        //使指针数组直接指向二维数组
12.
13.       cout <<"数组指针输出元素:"<<endl;
14.       for(int i=0;i<3;i++)
15.       {
16.           for(int j=0;j<4;j++)
17.           {
18.               printf("%3d ",*(*(p+i)+j));
19.           }
20.           cout <<endl;                //输出完一行后换行
21.       }
22.       cout <<endl;
23.
24.       int *q[3];                      //定义了指针数组,数组 q 元素是 3 个 int 型
25.       cout <<"指针数组输出元素"<<endl;
26.       for(int i=0;i<3;i++)
27.       q[i]=array[i];                  //将数组 3 行的地址给 3 个指针
28.
29.       for(int i=0;i<3;i++)
30.       {
31.           for(int j=0;j<4;j++)
32.           {
33.               printf("%3d ",q[i][j]); //q[i][j]可换成 *(q[i]+j)
34.           }
35.           cout<<endl;
36.       }
37.       cout <<endl;
38.
39.       return 0;
40.   }
```

程序的运行结果如图 6-7 所示。

程序分析:

第 8 行：程序定义了一个 int 型的二维数组 array[3][4],列数为 4,行数为 3。

第 10、11 行：数组指针是指向数组的指针，故 int
(∗p)＝ array，使得指针 p 指向了数组 array。

第 14～21 行：通过循环语句，将 ∗(∗p)即数组中
的元素进行输出。

第 24 行：在指针数组上是定义了 int ∗ q[3]。

第 26、27 行：因为数组 array 是个二维数组，且它
的行数为 3，因此让指针数组 q 的元素指向每一行的起
始地址。

第 29～36 行：最后再将 q 进行循环输出，遍历出
数组 array 的每一个元素。

```
数组指针输出元素:
   1   2   3   4
   5   6   7   8
   9  10  11  12

指针数组输出元素
   1   2   3   4
   5   6   7   8
   9  10  11  12

--------------------------------
Process exited with return value 0
Press any key to continue . . . ■
```

图 6-7　例 6-8 的运行结果

【例 6-9】　指针数组作参数。代码如下：

```
1.    #include<iostream>
2.    #include<cstring>
3.
4.    using namespace std;
5.
6.    int main()
7.    {
8.        void charSort(char * array[],int n);
9.
10.       char * array[10]={"J ","I ","H ","G ","F ","E ","D ","C ","B ","A "};
11.       int n=10;
12.
13.       for(int i=0;i<n;i++)
14.       {
15.           cout <<array[i]<<" ";
16.       }
17.       cout <<"\n\n 排序后:"<<endl;
18.
19.       charSort(array,n);
20.
21.       for(int i=0;i<n;i++)
22.       {
23.           cout <<array[i]<<" ";
24.       }
25.
26.       return  0;
27.   }
28.
29.   void charSort(char * array[],int n){
30.       char * temp;
31.
```

```
32.        for(int i=0;i<n;i++){
33.            int k=i;
34.            for(int j=i;j<n;j++){
35.                if(strcmp(array[j],array[k])<0){
36.                    k=j;
37.                }
38.            }
39.            if(k!=i){
40.                temp=array[k];
41.                array[k]=array[i];
42.                array[i]=temp;
43.            }
44.        }
45.    }
```

程序的运行结果如图 6-8 所示。

程序分析：

第 10 行：在该程序中,定义了指针数组 char ∗ array[10],数组中每个元素存放的是一个字符串的首地址。

第 19 行：通过定义好的比较函数 void charSort (char ∗ array[],int n),将数组 array 重新进行排序。

第 21~24 行：遍历数组,可以观察到数组中的元素是按照从小到大的顺序进行输出了。

```
J I H G F E D C B A
排序后:
A B C D E F G H I J
--------------------------------
Process exited with return value 0
Press any key to continue . . .
```

图 6-8　例 6-9 的运行结果

第 29~44 行：定义函数 void charSort(char ∗ array[],int *n*)的函数体,通过调用库函数 strcmp 写出一个将数组里的字符串从大到小排列的一个函数。strcmp 函数的传入的是两个字符串的地址,两个字符串相等时返回零值。当字符串 1 小于字符串 2 时,返回一个小于 0 的的值。

6.5　指向指针的指针

指针不仅可以指向 int、char、double 等普通的数据类型,还可以指向 int ∗ 、char ∗ 、double ∗ 等指针类型的数据。当指针指向的是另外的一个指针时,就称它为二级指针或指向指针的指针。

例如,先定义了一个 double 型变量 double a＝3.1;再定义一个 double 类型的指针 p,并使 p 指向变量 a,即 double ∗ p＝a;最后定义一个二级指针 double ∗∗p1＝&p1。这个二级指针存放的是指针 p 的地址,然而指针 p 存放的是变量 a 的地址,即 p1 位指向指针的指针。

指针变量也是一种变量,也会占用存储空间,也可以通过取地址符(&)来获取它的地址。C++ 不限定指针的级数,每增加一级指针,在定义指针变量时就会增加一层星号(∗),一级指针指向普通的数据类型,定义时只有一个 ∗;二级指针有两个 ∗,指向的是一级指针,定义时就有两个＊;三级以此类推,可以通过三级指针来访问最初一级指针指向的那个变量的值。

【例 6-10】 指向指针的指针。代码如下:

```
1.    #include<iostream>
2.    #include<string>
3.    #include<cstdio>
4.
5.    using namespace std;
6.    int main()
7.    {
8.        string s="Hello World!!";
9.        string * s1=&s;
10.       string **s2=&s1;
11.       string ***s3=&s2;
12.
13.       cout <<s <<" "<< * s1 <<" " << * * s2 <<" " << * * * s3 <<endl;
14.
15.       printf("&s2=%#X, s3=%#X\n", &s2, s3);
16.       printf("&s1=%#X, s2=%#X, * s3=%#X\n", &s1, s2, * s3);
17.       printf("&s=%#X, s1=%#X, * s2=%#X, **s3=%#X\n", &s, s1, * s2, **s3);
18.
19.       return 0;
20.   }
```

程序的运行结果如图 6-9 所示。

```
Hello World!! Hello World!! Hello World!! Hello World!!
&s2 = 0X29FEDC, s3 = 0X29FEDC
&s1 = 0X29FEE0, s2 = 0X29FEE0, *s3 = 0X29FEE0
 &s = 0X29FEE4, s1 = 0X29FEE4, *s2 = 0X29FEE4, **s3 = 0X29FEE4

--------------------------------
Process exited with return value 0
Press any key to continue . . .
```

图 6-9　例 6-10 的运行结果

程序分析:

第 8 行:该程序定义了一个 string 类型的变量 s。

第 9 行:接着定义了一个 string 类型的指针 s1(一级指针),并使它指向变量 s。

第 10 行:定义了二级指针 s2,使它指向一级指针,即 s1。

第 11 行:三级指针 s3 也是一样,指向了二级指针 s2。

第 15~17 行:该程序还将这 3 个指针以十六进制格式进行了输出,可以明确地观察到指针存放的值就是上一级指针的地址。

6.6 指针参数和函数性指针

6.6.1 指针参数

在 C 语言中,所有非数组形式参数的传递方式均是以值传递的。在 C++ 中函数常用的参数传递有以下 3 种:值传递、引用传递和指针传递。

值传递的形参是实参的副本,在函数中改变形参的值对实参并不影响。被调函数的参数只能传入,不能传出。在函数内部需要修改参数,而又不希望影响调用者时,应该采用值传递的方法。引用时,相当于传递的是实参的别名,作为局部变量,被调函数的参数在栈中开辟了内存空间,存放的是传进来的实参地址,所以对形参的操作其实就是对实参的操作。指针传递的形参是指向实参地址的指针,被调函数对形参做的任何操作都影响了主调函数中的实参变量。

引用传递与指针传递的区别如下:从本质上讲,指针就是一个用于存放变量地址的变量,它是可以被改变的。可以让它重新指向新的地址,并通过指向的地址的变化来改变具体的数据;而引用传递具有依附性,其引用的对象在整个生命周期中是不能被改变的,并且引用在一开始的时候就需要被初始化。

在引用传递过程中,虽然被调函数的形参也作为局部变量在栈中开辟了内存空间,但是此时存放的是由主调函数放进来的实参变量的地址。被调函数对形参的任何操作都被处理成间接寻址。正因为如此,被调函数对形参做的任何操作都会影响主调函数中的实参变量。在用指针传递时,虽然它们都是被调函数栈空间上的一个局部变量,但是任何对引用参数的处理都会通过间接寻址方式操作主调函数中的相关变量,被调函数中指针地址的改变不会影响主调函数的相关变量。如果想通过指针参数传递来改变主调函数中的相关变量,那就得使用指向指针的指针或者指针引用了。

【例 6-11】 用指针作函数参数输出最大值和最小值。代码如下:

```
1.      #include<iostream>
2.
3.      using namespace std;
4.      int main()
5.      {
6.          void swap(int * p1,int * p2);
7.
8.          int * p1, * p2,a,b;
9.          cin>>a>>b;
10.         p1=&a;
11.         p2=&b;
12.
13.         if(a<b)
14.         swap(p1,p2);
15.         cout<<"max="<<a<<" min="<<b<<endl;
```

```
16.
17.        return 0;
18.    }
19.    void swap(int * p1,int * p2)          //将 * p1 的值与 * p2 的值交换
20.    {
21.        int temp;
22.        temp= * p1;
23.        * p1= * p2;
24.        * p2=temp;
25.    }
```

运行结果如图 6-10 所示。

程序分析:

第 9 行:该程序实现了输入两个整数 a 和 b 的值。

第 10、11 行:定义了指针 p1 和 p2 分别指向它们。

第 19~25 行:定义了一个函数 void swap(int * p1,
int * p2),它的作用是将 a 和 b 这两个变量的地址传送
给函数的形参,通过指针传递的方式来讲这两个变量进
行了交换。

```
3 5
max=5 min=3

----------------------------------
Process exited with return value 0
Press any key to continue . . .
```

图 6-10 例 6-11 的运行结果

第 14~15 行:通过调用 swap 函数筛选出了两个数的最大值与最小值,并将它们进行
了输出。

6.6.2 函数型指针

在 C++ 中,变量占据着空间,是有地址的。而函数与变量类似,它也会是存放在代码区
内的,所以可以引用一个指向函数地址的指针。这个指针叫作函数型指针,即指向函数的
指针。

函数型指针指向的是函数而非对象,函数类型是由它返回的类型决定的,函数指针常指
向某种特定的类型。对于函数有着多种定义的方式,例如:void f(int a)、int f1(char b)、
double f2(string c)等。对于函数型指针来讲,只需要用指针替换函数名即可。例如:void
(* f)(int a)、int (* f1)(char b)、double (* f2)(string c)等。

注意:虽然只需要将函数的地址赋给对应的函数型指针,但是在函数型指针变量赋值
时,左值和右值的类型必须完全一致。当函数型指针得到函数的地址之后,该指针的值等于
其地址,所以它们两个在调用过程中就显得十分的类似,例如:f(1)和 * f(1)。

【例 6-12】 函数型指针地址的输出。代码如下:

```
1.    #include<iostream>
2.    #include<string>
3.
4.    using namespace std;
5.
6.    string stringAdd(const string s1,const string s2)
```

```
7.     {
8.         return s1+s2;
9.     }
10.
11.    int main()
12.    {
13.        string (*p) (const string s1,const string s2);
14.        p=stringAdd;
15.
16.        cout <<"s1+s2=" <<stringAdd("hello","world") <<endl;
17.        cout <<"s1+s2=" <<(*p)("hello","world") <<endl;
18.        cout <<"stringAdd 函数的地址:" <<&stringAdd <<endl;
19.        cout <<"函数指针的地址: " <<p <<endl;
20.
21.        return 0;
22.    }
```

运行结果如图 6-11 所示。

程序分析:

第 6～9 行:在该程序中定义了一个能使两个字符串
相加的函数 stringAdd(const string s1,const string s2)。

第 14 行:并声明了一个形参与返回类型相同格式
的函数型指针,然后将函数 stringAdd 的地址赋给了 * p,
让函数型指针指向该字符串相加函数。

第 16～19 行:然后再分别调用 stringAdd 函数和

```
s1 + s2 = helloworld
s1 + s2 = helloworld
stringAdd 函数的地址: 1
函数指针的地址:  1

--------------------------------
Process exited with return value 0
Press any key to continue . . .
```

图 6-11 例 6-12 的运行结果

函数性指针 p,将 string 型参数 hello 和 world 传入进去,并输出。可以观察到,在调用方式
上,可以粗略地将两者视为一致,而且它们的地址也是完全相同的。

6.7 const 与指针

6.7.1 const 的使用

在编写程序时,会经常遇到这种情况:定义的变量是一直不需要改变的。例如 π 的数
值,然而使用变量的好处是当想要改变这个值时,能够很轻易地对它做出调整。为了满足这
一要求,常会使用到关键字 const,使用 const 限定符来加以限定。例如:

```
const int a=3
```

是对一个整型变量进行初始化,并使用 const 加以限定,使变量 a 成为了一个无法改变的变
量,以防程序一不小心改变了这个值。

在 C++ 编译器中,当用 const 限定和定义了一个变量时。编译器会找到代码中所有带
有变量名字,并使用初始化的值去替换,所以为了完成替换,编译器必须知道变量的初始值。
默认情况下,const 对象仅在当前文件有效,如果多个文件出现了重复的定义,就等同于在不

同文件中分别定义了独立的变量。

在 C++ 中对于 const 还有一种常用的用法——常量引用。在程序中可以把引用绑定到 const 上。例如：在代码

```
const int a=3;
const int &b=a;
```

中，引用及其对象都是常量。

【例 6-13】 const 的使用。代码如下：

```
1.    #include<iostream>
2.
3.    using namespace std;
4.
5.    int main()
6.    {
7.        const double a=3.1;
8.        double b=3.2;
9.        const double &c=a;
10.
11.       cout <<"a="<<c <<endl
12.       <<"b="<<b <<endl
13.       <<"a +b=" <<b+c<<endl;    //const int 一样就可以参与算术运算
14.
15.       int i=25;
16.       const int &j=i;                //允许将 const int& 绑定到一个普通的 int 对象上
17.
18.       const int &k=25;               //k 是一个常量引用
19.       const int &t=j * 2;
20.
21.       cout <<"j=" <<j <<endl;
22.       cout <<"t=" <<t <<endl;
23.
24.       return 0;
25.    }
```

运行结果如图 6-12 所示。

程序分析：在程序中，const 引用及其对应的对象都是常量。与非 const 类型所能参与的操作相比，const 类型的对象也能完成大部分，例如程序中和 int 类型变量一样也能参与算数运算并能转化成一个布尔值，但 const 类型的对象执行不能改变其内容。而且非常量的引用是不能指向一个常量对象的，但允许 const int& 绑定到一个普通 int 对象上。

```
a = 3.1
b = 3.2
a + b = 6.3
j = 25
t = 50
--------------------------------
Process exited with return value 0
Press any key to continue . . .
```

图 6-12　输出 const 变量

6.7.2　指针和 const

与引用一样,指针也可以指向常量或非常量。它与
常量引用类似,指向常量的指针不能用于改变其对象所指的值。例如,定义:

```
const int a=3;
double const int * p=&a;
```

时,不允许定义一个普通指针指向变量 a。指针的类型必须与其所指的对象类型一样,但是
却没有规定 const 指针所指对象必须是一个常量。这是因为虽然指针常量不能通过改指针
来改变对象的值,但是可以通过其他方式改变的。

C++ 允许把指针本身定位,但是必须对它进行初始化。一个变量被 const 限定符限定
时,它就变成了一个常量,在这点上是与变量类似的,被称之为常量指针,即指针中的那个地
址就不能在发生改变了。

【例 6-14】　将指针进行输出。代码如下:

```
1.    #include<iostream>
2.    #include<string>
3.
4.    using namespace std;
5.
6.    int main()
7.    {
8.        string s="hello world";              //一个常量字符串
9.        const string * p=&s;
10.       cout <<"指针 p 的值为: " << * p <<endl;
11.
12.       s="new world";                        //将 s 的值更改
13.       cout <<"指针 p 的新值为: " << * p <<endl;    //说明了指针不能改
14.                                             //变得是地址
15.       int a=3;
16.       int const * p1=&a;
17.       cout <<"指针 p1 的值为: " << * p1 <<endl;
18.
19.       int b=4;
20.       p1=&b;
21.       cout <<"将新地址赋值给了指针 p1 后" <<endl;
22.       cout <<"指针 p1 的值为: " <<   * p1 <<endl;
23.
24.       return 0;
25.   }
```

运行结果如图 6-13 所示。

程序分析：

第 9 行：const 对指针有着两种限定的方式。一种
"const ＋ 数据类型 ＋ ＊指针名"。这种方式对指针指
向的地址进行了限定,在被限定了之后,就无法改变该指
针指向的地址了。

第 16 行：而 const 对指针的另一种方式就是"数据
类型 ＋ const ＋ ＊指针名",它是对指针指向变量的值
进行了限定,使值无法通过该指针再发生改变。

```
指针p的值为： hello world
指针p的新值为：  new world
指针p1的值为： 3
将新地址赋值给了指针p1后
指针p1的值为： 4

---------------------------------
Process exited with return value 0
Press any key to continue . . .
```

图 6-13　例 6-14 的运行结果

第 12、13 行：在程序中定义了 string 类型的变量 s,并使用了第一种 const 的限定方式,
可以发现,此时是不能够改变地址的,能改变的是间接访问的值,所以在最后输出了新的字
符串"new world"。

第 15～17 行：然而 int 型的变量 a 利用的是第二种方式,它是对指针间接访问的值进
行了限定,并没有对地址进行要求,所以在程序中改变了 p1 的地址,再次输出的时候就变成
了变量 b 了。

6.8　对象指针和 this 指针

6.8.1　对象指针

在 C++ 中建立对象时,编译系统会为每个对象分配一定的储存空间以存放对象的成
员,此时对象的起始地址就是对象地址,所以在程序中可以定义一个用来存放对象指针的指
针变量。定义指向类对象的指针变量形式如下:

类名 ＊对象指针名

【例 6-15】　利用对象指针进行访问。代码如下:

```
1.    #include<iostream>
2.    #include<string>
3.
4.    using namespace std;
5.
6.    class Student
7.    {
8.       public:
9.           string name;
10.          int num;
11.          Student(string na,int nu)
12.          {
13.              name=na;
14.              num=nu;
15.          }
```

```
16.
17.        void display();
18.
19.    };
20.
21.    void Student::display()
22.    {
23.        cout <<"学生姓名是:" <<name <<endl;
24.        cout <<"学生编号是 "   <<num <<endl;
25.
26.    }
27.
28.    int main()
29.    {
30.        Student * p;
31.        Student stu("zhangsan",10);
32.        p=&stu;
33.
34.        (*p).display();
35.
36.        return 0;
37.    }
```

运行结果如图 6-14 所示。

程序分析:

第 6～19 行:该程序是对象指针的一个举例。在程序中定义了一个 Student 类,有两个数据成员和一个成员函数,均为 public 公有类型。

第 30～32 行:定义一个对象指针 p,然后将 Student 类的地址赋给了 p。

```
学生姓名是: zhangsan
学生编号是 10
--------------------------------
Process exited with return value 0
Press any key to continue . . .
```

图 6-14   例 6-15 的运行结果

第 34 行:可以通过对象指针来访问 Student 对象。

在一个类中,包含着数据成员和成员函数。一个类是有地址的,可以使指针对象去指向它。同样的,也可以定义一个和数据成员或数据函数同类型的指针,并让指针去指向它们,即指向对象数据成员的指针和指向对象成员函数的指针对于指向数据成员来说,其方法和定义指向普通变量的指针是相同的。例如:

```
string * p;
P1=&Student.name;
```

将上一个程序中对象 Student 的数据成员 name 的地址赋给 p,就可以实现对对象数据成员的访问了。而对于指向成员函数来说需要注意的是,它与指针指向普通函数是有所不同的。在指针赋值的过程中,编译系统要求在等号两侧函数的参数类型及个数、函数返回至类型和所属的类必须相同。

【例 6-16】 指向数据成员和成员函数的指针。代码如下：

```
1.    #include<iostream>
2.    #include<string>
3.
4.    using namespace std;
5.
6.    class Employee
7.    {
8.        public:
9.            Employee(string na,double sa)
10.           {
11.               name=na;
12.               salary=sa;
13.           }
14.
15.           string name;
16.           double salary;
17.           void display();
18.
19.    };
20.
21.    void Employee::display()
22.    {
23.
24.    cout <<"职工薪酬" <<salary;
25.    }
26.
27.    int main()
28.    {
29.        Employee E("xiaoming",2500.21);
30.
31.        string * p=&E.name;                //定义了指向数据成员的指针
32.        cout <<   "职工的姓名是 " << * p <<endl;
33.        void (Employee::* p1)();            //定义了指向成员函数的指针
34.        p1=&Employee::display;
35.        (E.* p1)();
36.
37.        return 0;
38.    }
```

运行结果如图 6-15 所示。

程序分析：

第 6～19 行：该程序体现了对象的数据成员和成员函数在指针上的使用。定义了一个
职工类 Employee，数据成员有姓名和薪酬。

第 21～25 行：成员函数的功能是对职工的薪酬进行输出。

第 31、32 行：定义了 string 类型的指针指向对象 E 的 name 这个数据成员并将它进行了输出。

第 33、34 行：而在指针 p1 上是有些不同。用于指向公用成员函数的指针变量的一般格式为：

```
职工的姓名是 xiaoming
职工薪酬2500.21
-------------------------------
Process exited with return value 0
Press any key to continue . . .
```

图 6-15　例 6-16 的运行结果

数据类型名(类名::＊指针变量名)(参数列表)

程序中定义了指针同为 void 类型的指针 p1，并将成员函数的入口地址赋给了它。

6.8.2　this 指针

this 指针是 C++ 中的一个关键字，它只能在一个类的成员函数中调用。它代表的是一个 const 指针，指向的是当前对象的地址。在编译系统中，this 在成员函数的开始前构造的，在成员的结束后清除。它的生命周期同任一个函数的参数是一样的，没有任何区别。需要注意的是，只有获得了一个对象后，才能通过对象使用指针。而且只有在成员函数中，才有 this 指针的位置。

【例 6-17】　this 指针的使用。代码如下：

```
1.    #include<iostream>
2.    #include<string>
3.
4.    using namespace std;
5.
6.    class Student{
7.    public:
8.        void setname(string name);
9.        void setage(int age);
10.          void setscore(float score);
11.        void show();
12.    private:
13.        string name;
14.        int age;
15.        float score;
16.    };
17.
18.    void Student::setname(string name){
19.        this->name=name;
20.    }
21.    void Student::setage(int age){
22.        this->age=age;
23.    }
```

```
24.    void Student::setscore(float score){
25.        this->score=score;
26.    }
27.
28.    void Student::show(){
29.            cout<<"姓名 "<<this->name<<endl
30.            <<"年龄 "<<this->age<<endl<<
31.            "成绩 "<<this->score<<endl;
32.        }
33.
34.    int main()
35.    {
36.        Student * p=new Student;
37.
38.        p->setname("xiaoming");
39.        p->setage(21);
40.        p->setscore(98.5);
41.        p->show();
42.
43.        return 0;
44.    }
```

运行结果如图 6-16 所示。

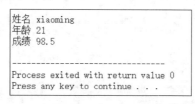

```
姓名 xiaoming
年龄 21
成绩 98.5

------------------------------
Process exited with return value 0
Press any key to continue . . .
```

图 6-16   例 6-17 的运行结果

程序分析：根据程序可以观察到，Student 类的数据成员是私有的，通过类内的成员函数来引用数据成员，写出一个公共的成员函数，以便于再类外去访问私有的数据。但是可以看到成员函数的形参和私有数据的名称是一样的。为了避免混淆，所以使用了专门指向类内的 this 指针，可以通过 this 指针实现赋值等操作。

本 章 小 结

通过对本章的学习，使读者对指针有了一个初步的了解。指针在计算机中的有着独特的地位。在数据结构中，链表、树、图等大量的应用都离不开指针。尤其在数据传递时，当数据缓存区数据块较大时，就可以使用指针传递地址而不是实际数据，从而提高传输速度，大大节省内存空间。

指针能使编写的代码更灵活、功能更强大。但用好指针却不容易，尤其是遇到内存错误等问题。编译器是不能自动发现这些错误的,而且运行时的错误也大多没有明显的症状,只能靠调试去解决。所以要谨慎使用指针,打好对指针学习的基础。

习　题　6

1. 用指针方法编写一个程序,输入 3 个整数,将它们按由小到大的顺序输出。

2. 输入两个整数 a 和 b,通过函数型指针,让指针变量访问指向的函数并求出 a 和 b 的最小值。

3. 输入两个整数 a 和 b,用指向函数的指针做函数参数,当输入 1 时,输出两者的最大值;当输入 2 时,输出两者的最小值,当输入 3 时,输出两者的和。

4. 定义一整型数组 int array[3][4],分别使用数组指针和地址的方法,求出其中最大的元素。

5. 定义指针数组和数组指针,并将输入的数据存入并输出。

6. 已知一个字符串为"HelloWorld",利用指针将字符串反序输出。

7. 已知一个字符串为"Hello World!!",依次输出大、小写字母、数字和字符的个数。

8. 定义一个长度为 10 的整型数组,并为它们存入无序的数据。再利用指针编写一个冒泡排序函数,将数组从小到大排序。

9. 把 10 个字符赋给某个 char 型数组,再利用 char 型指针输出该数组元素。函数参数为输出元素个数。

10. 利用指针,编写一个在字符串中,查找某字符的函数。函数返回到该字符的地址,如果失败则返回 NULL。

11. 编写一个程序,输入星期,输出该星期的英文名。用指针数组处理。

12. 定义一个动态数组,长度为变量 n,用随机数给数组各元素赋值。

13. 有一个数组为{2,0,3,4,0,−5,−3},请利用指针将数组中的 0 移到末尾,其余的保持不变,并将数组输出。

第7章　继承与派生

【本章内容】
- 派生类与继承的概念及使用方法；
- 继承中的构造函数与析构函数的调用顺序；
- 为派生类设计合适的构造函数初始化派生类；
- 多继承时的二义性问题；
- 虚基类的概念及使用方法。

面向对象程序设计有 4 个主要特点：抽象、封装、继承和多态。本章讲解有关继承与派生的知识。继承性是面向对象程序最重要的特征。

7.1　什么是继承与派生

面向对象技术强调的是代码的可重用性和可扩充性。继承与派生。继承和派生是指在保持原有类特性的基础上，新增自己的特性而产生新类构造一个更详细、更具体的新类。图 7-1 是生活中各种交通工具的示例，最高层是交通工具，交通工具根据不同用途又分为飞机、汽车和火车，其中汽车又可分为轿车、卡车和面包车等。最高层代表了最普遍、最一般的性质，下一层比上一层更具体，含高层属性，又有不同于高层的地方。在这种关系中，把自顶向下的过程称为派生，自底向上的过程称为继承。例如，可以说交通工具派生出汽车，汽车派生出轿车，或者汽车继承于交通工具，轿车继承于汽车。

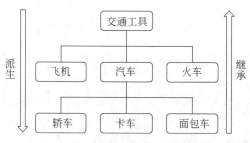

图 7-1　继承与派生问题举例

下面，再从面向对象的角度来进一步理解继承与派生。以人类（Person）为例，人都有名字（m_strName）、年龄（m_iAge）等属性，还需要吃饭（eat）。教师（Teacher）和学生（Student）都属于人类，因此他们都具有人类所有的特征，例如姓名、年龄等，但他们又有比人类更多的属性和方法，例如，教师会有工资（m_iSalary），需要工作（work）等，学生会有学号（m_iNumber），需要学习（study）等，图 7-2 给出了一个关系描述。

在已有类的基础上，通过增加或修改少量代码而得到另一个新类的过程，称为类的继承或派生，如图 7-3 所示。继承与派生其实是对同一件事的不同表述角度，此时，可以说人类派生出教师，或者教师继承自人类。

162

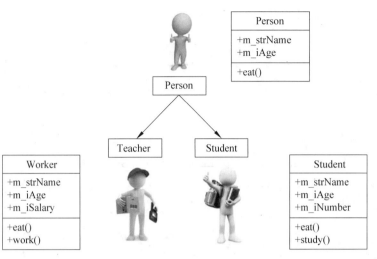

图 7-2　继承与派生关系举例

已有的类称为基类或父类，新类称为派生类或子类，但二者不可以混用。

面向对象程序设计与实战

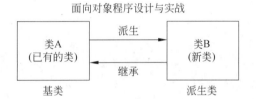

图 7-3　继承与派生

继承又分为单一继承和多重继承。所谓单一继承就是只继承了一个类，换言之就是只有一个基类（父类），而多重继承就是继成了多个基类，有两个或两个以上基类（父类）。多重继承会衍生出重名冲突、基类部分重复等问题，将在 7.6.3 节进行介绍。

单一继承和多重继承也可以称为单一派生和多重派生。

在面向对象程序设计中，继承是一个重要的机制，继承机制清晰地体现了现实世界中各种对象之间的关系，表达了类与类之间具有的共同性和差异性。例如，在知道了飞机的特征之后，只要知道客机也是飞机的一种，就可认为它全部拥有飞机的一般性特征，因此继承意味着派生类可以"自动地拥有"基类的属性和方法，就像子女必然拥有父母的遗传基因一样。在基类中定义的那些属性和行为，在派生类中不需要再说明，派生类会自动地、隐含地拥有基类的数据成员和函数。详细内容参考 7.2 节派生类的定义。

7.2　派生类的定义

派生类定义的一般格式如下：

```
class <派生类名>:<继承方式><基类名>
{
    <派生类新增成员声明>
};
```

其中,派生类新增成员函数类外定义的一般格式如下:

```
[<数据类型>] <类名称>::<函数名称> (<形式参数名称>)
{语句序列;
}
```

说明:
- 程序中所有符号均需是在英文输入法状态下进行的。
- 继承方式包括 public、private、protected,具体用法详见后面介绍。
- 如果省略,系统默认为 private。

【例 7-1】 如果 A 是基类,B 是 A 的派生类。代码如下:

```
1.    class A
2.    {
3.        public:
4.        void function1();
5.        void function2();
6.    };
7.    class B:public A
8.    {
9.        public:
10.       void function3();
11.       void function4();
12.   };
```

程序分析:类 B 继承了类 A,因此类 B 具有类 A 的成员函数,所以类 B 具有 4 个成员函数 function1、function2、function3 和 function4,如图 7-4 所示。派生类自动继承基类所有的数据和成员函数,因而不必重复定义基类已有的相同成员或方法,而是自动享用,这样可使程序员在定义类 B 的时候不重复的敲写代码,从而减轻一些工作。

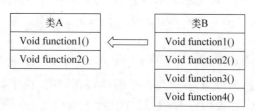

图 7-4　继承与派生

7.3　派生类的构成

通过学习派生类的定义,了解到派生类中的成员构成包括从基类继承过来的成员和自己增加的成员。但在实际上,生成派生类经历了 3 个过程:吸收基类成员、改造基类成员和添加新成员。

【例 7-2】 职员类和工人类的继承关系。代码如下：

```
1.    class Employee                                    //职员类
2.    {
3.        public:
4.        char name[30];
5.        char number[5];
6.        int work_age;
7.        void Get_message();
8.        void Show_message();
9.    };
10.   class Worker:public Employee                       //工人类
11.   {
12.       Public:
13.       int work_hour;
14.       void Pay();
15.       void Get_message();
16.       void Show_message();
17.   };
```

（1）吸收基类成员。在这个例子中派生类 Worker 吸收了基类 Employee 中的所有成员，构造函数和析构函数除外，详细内容见 7.5.1 节。

（2）改造基类成员。对基类成员的改造主要包括两方面：一方面是对基类中成员访问控制的改变，主要是通过改变派生类对基类的继承方式；另一方面可以在派生类中声明一个与基类成员同名的成员屏蔽基类的同名成员。注意，如是成员函数，则不仅要函数名相同，而且函数的参数也要相同，此处屏蔽的含义是用新成员取代旧成员。如此派生类中的新成员就隐藏了基类中的成员，这就是同名隐藏。上例中 Worker 中的 Get_message()和 Show_message()分别隐藏了 Employee 中的同名函数。

例如：

```
1.    class Person
2.    {
3.        public:
4.        void play();
5.        protected:
6.        string m_strName;
7.    };
8.    class Soldier : public Person
9.    {
10.       public:
11.       void play();              //与父类同名
12.       void work();
13.       protected:
14.       int m_iCode;
15.   };
```

上述例子中派生类的 void play() 覆盖了基类中的同名函数。

（3）添加新成员。向派生类中添加基类中没有的新的成员，由此保证派生类在基类基础上有所发展。本例中派生类 Worker 添加了 work_hour 和 void Pay() 两个新成员。在定义派生类时，还要自己定义派生类的构造函数。

继承基类成员体现了同一基类的派生类都具有的共性，而新增加的成员体现了派生类的个性。

7.4　派生类的访问属性

派生类中包含了基类成员和派生类新增成员，这就产生了这两部分成员的关系和访问属性的问题。这个关系由基类成员的访问属性和派生类的继承方式组合决定。

7.4.1　公用继承

当类的继承方式为公有继承时，基类的公有成员和保护成员的访问属性在派生类中不变，而基类中的私有成员在派生类中不可访问，即基类中的公有类和受保护类在派生类中的访问属性不变，如表 7-1 所示。

表 7-1　公有继承变量关系

继承方式	基类中的访问属性	派生类中成员的访问属性	派生类对基类成员的访问特性	外部函数对基类成员的访问特性
public	public	public	可访问	可访问
	protected	protected	可访问	不可访问
	private		不可访问	不可访问

注意：protected 为保护类继承，private 为私有继承。7.4.2 节和 7.4.3 节会详细介绍，此处不再赘述。

【例 7-3】　实现通过公有继承访问基类的成员函数，定义 people 类，要求包含输入信息函数 get_message() 和显示信息函数 show_message()，以及变量 name、sex 和 age，再定义一个 student 类公有继承 people 类并增加变量 school 和 grade。代码如下：

```
1.    class people
2.    {
3.        public:
4.        void get_message()
5.        {   cout<<"请输入姓名 年龄 性别"<<endl;
6.            cin >>name >>age>>sex;
7.        }                                    //输入数据对象
8.        void show_message()
9.        {
10.            cout <<"name:"<<name <<endl;
11.            cout <<"age:"<<age <<endl;
```

```
12.              cout <<"sex:"<<sex <<endl;
13.          }                                          //信息显示
14.    private:
15.          string name;
16.          string sex;
17.          int age;
18.
19.    };
20.    class student:public people
21.    {
22.          public:
23.          void get_message1()
24.          {   cout<<"请输入学校 年级"<<endl;
25.              cin>>school>>grade;}
26.          void show_message1()
27.          {
28.              cout<<"学校"<<school<<endl;          //正确,引用派生类的私有变量
29.              cout<<"年级"<<grade<<endl;           //正确,引用派生类的私有变量
30.              cout<<"姓名"<<name<<endl;            //错误,引用基类的私有变量
31.              cout<<"年龄"<<age<<endl;             //错误,引用基类的私有变量
32.              cout<<"性别"<<sex<<endl;             //错误,引用基类的私有变量
33.          }
34.          private:
35.          string school;
36.          string grade;
37.
38.    };
```

因为基类中的私有成员对于派生类来说是不可访问的,所以派生类中的 show_message() 函数企图直接引用"name"、"age"和"sex"变量是错误的,可以将派生类改成以下形式:

```
1.     class student:public people
2.     {
3.          public:
4.          void get_message1()
5.          {   cout<<"请输入学校 年级"<<endl;
6.              cin>>school>>grade;}
7.          void show_message1()
8.              {
9.                  cout<<"学校"<<school<<endl;       //正确,引用派生类的私有变量
10.                 cout<<"年级"<<grade<<endl;        //正确,引用派生类的私有变量
11.             }
12.         private:
```

```
13.       string school;
14.       string grade;
15.
16.   };
```

完整的程序如下：

```
1.    #include<iostream>
2.    #include<string>
3.    using namespace std;
4.
5.    class people
6.    {
7.        public:
8.        void get_message()
9.        {   cout<<"请输入姓名 年龄 性别"<<endl;
10.           cin >>name >>age>>sex;}              //输入变量
11.       void show_message()
12.       {
13.           cout <<"姓名:"<<name <<endl;
14.           cout <<"年龄:"<<age <<endl;
15.           cout <<"性别:"<<sex <<endl;
16.       }                                        //输出变量
17.       private:
18.       string name;
19.       string sex;
20.       int age;
21.
22.   };
23.   class student:public people
24.   {
25.       public:
26.       void get_message1()
27.       {   cout<<"请输入学校 年级"<<endl;
28.           cin>>school>>grade;}
29.       void show_message1()
30.       {
31.           cout<<"学校:"<<school<<endl;         //正确,引用派生类的私有变量
32.           cout<<"年级:"<<grade<<endl;          //正确,引用派生类的私有变量
33.       }
34.       private:
35.       string school;
36.       string grade;
37.
```

```
38.    };
39.    int main()
40.    {
41.        student stud;
42.        stud.get_message();            //调用基类中的输入函数
43.        stud.get_message1();           //调用派生类中的输入函数
44.        stud.show_message();           //调用基类中的输出函数
45.        stud.show_message1();          //调用派生类中的输出函数
46.        return 0;
47.    }
```

运行结果如图 7-5 所示。

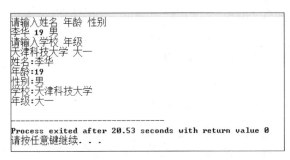

```
请输入姓名 年龄 性别
李华 19 男
请输入学校 年级
天津科技大学 大一
姓名:李华
年龄:19
性别:男
学校:天津科技大学
年级:大一
------------------------------------
Process exited after 20.53 seconds with return value 0
请按任意键继续. . .
```

图 7-5　例 7-3 的运行结果

【例 7-4】　派生类还可直接调用基类的公有成员函数,在例 7-3 基础上修改派生类函数即可实现。代码如下:

```
1.     class student:public people
2.     {
3.         public:
4.         void get_message1()
5.         {   get_message();
6.             cout<<"请输入学校 年级"<<endl;
7.             cin>>school>>grade;
8.         }
9.         void show_message1()
10.        {   show_message();
11.            cout<<"学校"<<school<<endl;      //正确,引用派生类的私有变量
12.            cout<<"年级"<<grade<<endl;       //正确,引用派生类的私有变量
13.        }
14.        private:
15.        string school;
16.        string grade;
17.
18.    };
```

此时主函数的程序改为：

```
int main()
{
    student stud;
    stud.get_message1();                    //调用派生类中的输入函数
    stud.show_message1();                   //调用派生类中的输出函数
    return 0;
}
```

7.4.2 私有继承

当类的继承方式为私有继承时，基类的公有成员和保护成员的访问属性在派生类中变为私有的，而基类的私有成员在派生类中不可访问。经过私有继承后，所有基类成员都成了派生类的私有成员或不可访问成员，如果进一步派生的话，基类中的全部成员都成了不可访问成员，如表 7-2 所示。

表 7-2 私有继承变量关系

继承方式	在基类中的访问属性	在派生类中成员的访问属性	派生类对基类成员的访问特性	外部函数对基类成员的访问特性
private	public	private	可访问	不可访问
	protected	private	可访问	不可访问
	private	不可访问	不可访问	不可访问

【例 7-5】 通过私有继承访问基类成员，定义 people 类，要求包含输入信息函数 get_message()、显示信息函数 show_message()以及变量 name、sex 和 age，再定义一个 student 类私有继承 people 类并增加变量 school 和 grade。代码如下：

```
1.     #include<iostream>
2.     #include<string>
3.     using namespace std;
4.     class people
5.     {
6.         public:
7.         void get_message()
8.         {
9.             cout<<"请输入姓名 年龄 性别"<<endl;
10.            cin >>name >>age>>sex;
11.        }                                //输入数据对象
12.        void show_message()
13.        {
14.            cout <<"姓名:"<<name <<endl;
15.            cout <<"年龄:"<<age <<endl;
```

```cpp
16.          cout <<"性别:"<<sex <<endl;
17.       }                                    //显示信息
18.     private:
19.     string name;
20.     string sex;
21.     int age;
22.   };
23.   class student:private people
24.   {
25.     public:
26.     void get_message1()
27.     {   cout<<"请输入学校 年级"<<endl;
28.         cin>>school>>grade;}
29.     void show_message1()
30.     {
31.         cout<<"学校:"<<school<<endl; //正确,引用派生类的私有数据对象
32.         cout<<"年级:"<<grade<<endl;  //正确,引用派生类的私有数据对象
33.     }
34.     Private:
35.     string school;
36.     string grade;
37.
38.   };
39.   int main()
40.   {
41.     student stud;
42.     stud.get_message();        //错误,私有基类的公有函数是不可调用的
43.     stud.get_message1();       //正确,调用派生类中的输入函数
44.     stud.show_message();       //错误,私有基类中的共有函数是不可调用的
45.     return 0;
46.   };
```

完整程序如下:

```cpp
1.    #include<iostream>
2.    #include<string>
3.    using namespace std;
4.    class people
5.    {
6.      public:
7.      void get_message()
8.      {   cout<<"请输入姓名 年龄 性别"<<endl;
9.          cin >>name >>age>>sex;}                //输入变量
10.     void show_message()
```

```cpp
11.         {
12.             cout <<"姓名:"<<name <<endl;
13.             cout <<"年龄:"<<age <<endl;
14.             cout <<"性别:"<<sex <<endl;
15.         }                                                    //输出变量
16.     private:
17.         string name;
18.         string sex;
19.         int age;
20.     };
21.     class student:public people
22.     {
23.         public:
24.         void get_message1()
25.         {   get_message();
26.             cout<<"请输入学校 年级"<<endl;
27.             cin>>school>>grade;}
28.         void show_message1()
29.         {   show_message();
30.             cout<<"学校:"<<school<<endl;           //正确,引用派生类的私有变量
31.             cout<<"年级:"<<grade<<endl;            //正确,引用派生类的私有变量
32.         }
33.         private:
34.         string school;
35.         string grade;
36.         };
37.     int main()
38.     {
39.         student stud;
40.         stud.get_message1();
41.         stud.show_message1();
42.         return 0;
43.     }
```

运行结果如图 7-6 所示。

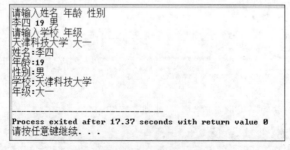

图 7-6　例 7-5 的运行结果

7.4.3　保护继承

当类的继承方式为保护继承时,基类中的公有成员和保护成员的访问属性在派生类中变为保护状态,而基类中的私有成员在派生类中不可访问。私有继承和保护继承在直接继承上结构是一样的,但如果在再进一步继承就有区别了,如表 7-3 所示。

表 7-3　保护继承关系

继承方式	基类中的访问属性	派生类中成员的访问属性	派生类对基类成员的访问特性	外部函数对基类成员的访问特性
protected	public	protected	可访问	不可访问
	protected	protected	可访问	不可访问
	private	不可访问	不可访问	不可访问

【例 7-6】　访问保护基类成员,定义 people 类,要求包含输入信息函数 get_message()、显示信息函数 show_message()以及变量 name、sex 和 age,再定义一个 student 类保护继承 people 类并增加变量 school 和 grade。代码如下:

```
1.    #include<iostream>
2.    #include<string>
3.    using namespace std;
4.    class people
5.    {
6.        public:
7.        void get_message()
8.        {
9.            cout<<"请输入姓名 年龄 性别"<<endl;
10.           cin >>name >>age>>sex;}              //输入变量
11.       void show_message()
12.       {
13.           cout <<"姓名:"<<name <<endl;
14.           cout <<"年龄:"<<age <<endl;
15.           cout <<"性别:"<<sex <<endl;
16.       }                                        //输出变量
17.       private:
18.       string name;
19.       string sex;
20.       int age;
21.    };
22.    class student:protected people
23.    {
24.        public:
25.        void get_message1()
26.        {
```

```
27.         get_message();
28.         cout<<"请输入学校 年级"<<endl;
29.         cin>>school>>grade;
30.     }
31.     void show_message1()
32.     {
33.         show_message();
34.         cout<<"学校:"<<school<<endl;          //正确,引用派生类的私有变量
35.         cout<<"年级:"<<grade<<endl;           //正确,引用派生类的私有变量
36.     }
37.     private:
38.     string school;
39.     string grade;
40. };
41. int main()
42. {
43.     student stud;
44.     stud.get_message1();                       //调用派生类中的输入函数
45.     stud.show_message1();                      //调用派生类中的输出函数
46.     return 0;
47. }
```

运行结果如图 7-7 所示。

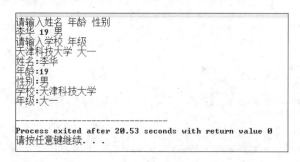

图 7-7 例 7-6 结果

在保护继承中仍不可在类外直接调用基类中的公有成员函数。

注意:

- 无论何种继承方式,基类中的私有成员都是不能直接访问的,基类的公有成员和保护成员可以直接访问;
- 私有继承后基类的所有成员均成为私有的或不可访问的;
- 公有继承不改变基类中的成员属性;
- 保护继承使基类中的保护成员和公有成员都成为受保护的。

【例 7-7】 继承与派生的应用。要求如下:

(1) 定义 Figure 类,要求包含输入信息函数 set_value()、显示信息函数 get_value()、计算长方形面积类函数 Rectanglearea()、计算三角形类面积函数 Trianglearea(),以及变量

length 和 height。

(2) 定义一个 Rectangle 类公有继承 Figure 类。

(3) 定义一个 Triangle 类公有继承 Figure 类。

代码如下：

```
1.    #include<iostream>
2.    #include<string>
3.    using namespace std;
4.    class Figure
5.    {
6.        private:
7.        double length,height;
8.        public:
9.        void set_value()
10.       {
11.           cout<<"请输入数据:"<<endl;
12.           cin>>length;
13.           cin>>height;
14.
15.       }                               //定义一个输入的基本函数
16.       void get_value()
17.       {
18.           cout<<"side1="<<length<<endl;
19.           cout<<"side2="<<height<<endl;
20.
21.       }                               //定义一个输出的基本函数
22.       double Rectanglearea()
23.       {
24.           return (length * height);
25.       }                               //定义一个计算长方形类面积的函数
26.       double Trianglearea()
27.       {
28.           return (length * height/2);
29.       }                               //定义一个计算三角形类的面积函数
30.   };
31.   class Rectangle:public Figure       //长方形类公有继承 Figure
32.   {
33.       public:
34.
35.       void get_Rectanglevalue()
36.       {
37.           cout <<"长方形边长为:" <<endl;
38.           get_value();                //引用基类中的公有函数输出长方形的边长
39.           cout <<endl;
```

```
40.            cout <<"长方形面积为:"<<Rectanglearea()<<endl;
41.        }
42.    };
43.    class Triangle:public Figure                    //三角形类公有继承 Figure
44.    {
45.        public:
46.
47.        void get_Trianglevalue()
48.        {
49.            cout <<"三角形边长和高为:" <<endl;
50.            get_value();                             //引用基类中的公有函数
51.            cout <<endl;
52.            cout <<"三角形面积为:"<<Trianglearea() <<endl;
53.        }
54.    };
55.    int main()
56.    {
57.        Rectangle rsct;                              //定义一个 Rectangle 类的对象
58.        rsct.set_value();
59.        rsct.get_Rectanglevalue();
60.        Triangle tri;                                //定义一个 Triangle 类的对象
61.        tri.set_value();
62.        tri.get_Trianglevalue();
63.        return 0;
64.    }
```

运行结果如图 7-8 所示。

```
请输入数据:
3 4
长方形边长为:
side1=3
side2=4

长方形面积为: 12
请输入数据:
5 5
三角形边长和高为:
side1=5
side2=5

三角形面积为: 12.5

------------------------------------
Process exited after 47.19 seconds with return value 0
请按任意键继续. . .
```

图 7-8 例 7-7 的运行结果

7.4.4 多级派生时的访问属性

以上只讲述了一级派生的情况,但在实际应用中还有多级派生的情况。例如类 A 继承
类 B,类 C 又继承类 B。则称类 A 为基类,类 B 是类 A 的派生类,类 C 是类 B 的派生类也是

类 A 的派生类。类 B 为类 A 的直接派生类,类 C 为类 A 的间接派生类,同理,类 A 是类 B 的直接基类,类 A 是类 C 的间接基类。

【例 7-8】 多级派生的访问属性问题,定义一个 A 类,包含公有变量 i、私有变量 j、保护变量 k;定义一个 B 类公有继承 A 类,并增加公有变量 i1、私有变量 j1、保护变量 k1;定义一个 C 类保护继承 B 类,并增加公有变量 i2、私有变量 j2、保护变量 k2,如表 7-4 所示。代码如下:

```
1.   class A
2.   {
3.       Public:
4.       int i;
5.       Private:
6.       int j;
7.       Protected:
8.       int k;
9.   };
10.  Class B:public A
11.  {
12.      Public:
13.      int i1;
14.      Private:
15.      int j1;
16.      Protected:
17.      int k1;
18.  };
19.  Class C:protected B
20.  {
21.      Public:
22.      int i2;
23.      Private:
24.      int j2;
25.      Protected:
26.      int k2;
27.  };
```

表 7-4　各变量类型

	i	j	k	i1	j1	k1	i2	j2	k2
基类 A	公用	私有	保护						
公用派生 B	公用	不可访问	保护	公用	私用	保护			
保护派生 C	保护	不可访问	保护	保护	不可访问	保护	公用	私有	保护

7.5 派生类的构造函数和析构函数

用户在声明类时可以不必定义构造函数,系统会自动默认一个构造函数,系统在执行程序时会自动调用这个默认的构造函数。但是这个默认函数实际上是一个空函数,对程序的执行没有任何影响,但如果想要初始化数据就必须得自己定义。

7.5.1 简单的派生类的构造函数

构造函数的主要作用是对数据成员的初始化,基类的构造函数并不会随着类的继承而被继承,在声明派生类时,派生类无法把基类的构造函数继承过来。因此就需要对新生成的派生类重新定义构造函数。

简单派生类只有一个基类,而且只有一级派生,在派生类的数据成员中不包含基类的对象(即子对象)。

定义派生类构造函数的一般形式如下:

派生类构造函数名(总参数表):基类构造函数名(参数表)
{派生类中新增成员初始化语句}

注意:派生类构造函数名与派生类名相同;在建立派生类对象时,先调用基类构造函数,再调用派生类构造函数。

【例 7-9】 简单的派生类构造函数,定义一个 Bug 类,包含公有变量 type,构造函数 Bug,显示信息函数 display(),私有变量 nleg、ncolor,定义 Flybug 类公有继承 Bug,包含构造函数 Flybug,并增加私有变量 nwing。代码如下:

```
1.    #include<iostream>
2.    using namespace std;
3.    class Bug
4.    {
5.        public:
6.        int type;
7.        Bug(int leg,int color)              //定义基类构造函数并初始化变量
8.        {
9.            nleg=leg;
10.           ncolor=color;
11.       }
12.       void display()
13.       {
14.           cout<<nleg<<"条腿"<<endl<<"颜色种类为:"<<ncolor<<endl;
15.       }
16.       private:
17.       int nleg;
18.       int ncolor;
```

```
19.    };
20.    class Flybug:public Bug                        //Flybug 类继承 Bug 类
21.    {
22.        public:
23.        Flybug(int leg,int color,int wing):Bug(leg,color)
24.        {                                           //只对派生类新增成员初始化
25.            nwing=wing;
26.        }                                           //定义派生类的构造函数并初始化数据
27.        void display1()
28.        {
29.            Bug::display();
30.            cout<<"翅膀个数:"<<nwing<<endl;
31.        }
32.        private:
33.        int nwing;
34.    };
35.    int main()
36.    {
37.        Flybug f(4,3,4);
38.        f.display1();
39.        return 0;
40.    }
```

运行结果如图 7-9 所示。

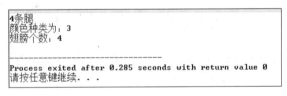

```
4条腿
颜色种类为: 3
翅膀个数: 4
------------------------------------
Process exited after 0.285 seconds with return value 0
请按任意键继续. . .
```

图 7-9　例 7-9 的运行结果

从上面列出的派生类 Flybug 构造函数首行：

(Flybug(int leg,int color,int wing):Bug(leg,color))

可以看出，派生类构造函数名 Flybug 后面的参数列表包括参数类型和参数名，而基类构造函数名后的括号内只包括参数名，因为在这里不是要定义基类的构造函数只是调用基类的构造函数，所以这些参数是实参而不是形参。

从派生类 Flybug 构造函数中可以看到有 3 个参数，其中前两个是用来传给基类的构造函数的，后一个是用来给基类新增加的数据成员进行初始化的。

在 main 函数中定义的 f 变量有 3 个实参，它们分别传给派生类的构造函数，然后派生类构造函数中的前两个传给基类构造函数，如图 7-10 所示。

通过 Bug(leg,color)把两个值再传给基类构造函数，如图 7-11 所示。

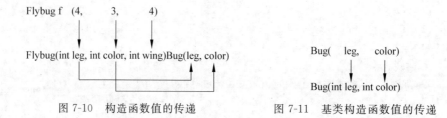

图 7-10　构造函数值的传递　　　　　图 7-11　基类构造函数值的传递

如果派生类的构造函数在类外定义,则应指明类名,例如,例 8 中派生类构造函数在类外定义则应写成:

```
Flybug::Flybug(int leg,int color,int wing):Bug(leg,color)
{
nwing=wing;
}
```

注意:创建派生类对象时,程序首先调用基类构造函数,然后再调用派生类构造函数。基类构造函数负责初始化继承的数据成员的初始化;派生类构造函数主要负责新增的数据成员的初始化。

在派生类对象过期时,程序先调用派生类析构函数,再调用派生类析构函数。

7.5.2　有子对象的派生类的构造函数

类的数据成员除了是标准类型或系统提供的类型如 string 外,还可以是类类型,例如声明一个类时包含类类型的数据成员:

```
Bug  mosquito;
```

其中 Bug 是已声明过的类名,mosquito 是该类的对象则称 mosquito 为子对象。

此时派生类构造函数的任务包括:

(1) 对基类数据成员初始化;

(2) 对子对象的数据成员初始化;

(3) 对派生类的数据成员初始化。

【**例 7-10**】　有子对象的派生类的构造函数,定义一个 Flybug 类公有继承 Bug,包含构造函数、信息显示函数 show_musquiyo()、变量 nwing 和 Bug 类的子对象 mosquito。代码如下:

```
1.    class Flybug:public Bug                    //Flybug 类继承 Bug 类
2.    {
3.        public:
4.        Flybug(int leg,int color,int leg1,int color1,intwing):Bug(leg,color),
          mosquito(leg1,color1)
5.        //mosquito 为子对象
6.        {
7.            nwing=wing;
```

```
8.          }                              //定义派生类的构造函数并初始化数据
9.          void display1()
10.         {
11.             Bug::display();
12.             cout<<"翅膀个数:"<<nwing<<endl;
13.         }
14.         void show_mosquito()
15.         {
16.             cout<<endl<<"蚊子是"<<endl;
17.             mosquito.display();
18.         }
19.     private:
20.         int nwing;
21.         Bug mosquito;
22.     };
```

在派生类 Flybug 中增加 wing 成员外,还可以增加蚊子一项,而蚊子本身也是昆虫,它属于 Flybug 类型,有腿和颜色种类等基本数据,蚊子这项就是派生类中的子对象。

由于类是一种数据类型,不能带具体的值,而且每个派生类对象的子对象一般是不同的。所以不能在声明派生类时对子对象初始化,系统在建立派生类对象时调用派生类构造函数对子对象进行初始化。

构造函数中值的传递情况如图 7-12 所示。

Flybug(int leg, int color, int leg1, int color1, int wing):Bug(leg, color), mosquito(leg1, color1)

图 7-12　有子对象的构造函数的值的传递

【例 7-11】　例 10 写出完整版的程序如下:

```
1.      #include<iostream>
2.      using namespace std;
3.      class Bug
4.      {
5.          public:
6.          int type;
7.          Bug(int leg,int color)                  //定义构造函数并初始化变量
8.          {
9.              nleg=leg;
10.             ncolor=color;
11.         }
12.         void display()
13.         {
14.             cout<<nleg<<"条腿"<<endl<<"颜色种类为:"<<ncolor<<endl;
```

```
15.          }
16.      private:
17.          int nleg;
18.          int ncolor;
19.      };
20.      class Flybug:public Bug                          //Flybug 类继承 Bug 类
21.      {
22.          public:
23.          Flybug(int leg,int color,int leg1,int color1,int wing):Bug(leg,
                 color),mosquito(leg1,color1)
24.          {
25.              nwing=wing;
26.          }                                            //定义派生类的构造函数并初始化数据
27.          void display1()
28.          {
29.              Bug::display();
30.              cout<<"翅膀个数:"<<nwing<<endl;
31.          }
32.          void show_mosquito()
33.          {
34.              cout<<endl<<"蚊子是"<<endl;
35.              mosquito.display();
36.          }
37.      private:
38.          int nwing;
39.          Bug mosquito;
40.      };
41.      int main()
42.      {
43.          Flybug f(4,3,4,1,4);
44.          f.display1();
45.          f.show_mosquito();
46.          return 0;
47.      }
```

运行结果如图 7-13 所示。

```
4条腿
颜色种类为: 3
翅膀个数: 4

蚊子是
4条腿
颜色种类为: 1

--------------------------------
Process exited after 0.1824 seconds with return value 0
请按任意键继续...
```

图 7-13　例 7-11 的运行结果

有子对象的派生类构造函数定义方式如下：

派生类名::派生类名 (总参数表):
基类名(参数表) , 子对象名(参数表)
  {派生类新增成员的初始化语句;}

执行派生类构造函数的顺序如下：

① 调用基类构造函数,初始化基类数据成员；

② 调用子对象构造函数,初始化子对象数据成员；

③ 执行派生类构造函数,初始化派生类数据成员。

7.5.3 多层派生时的构造函数

一个类可以派生出一个派生类,派生类还可以继续派生,形成派生的层次结构。

【例 7-12】 多级派生时的构造函数的变化。代码如下：

```
1.    #include<iostream>
2.    using namespace std;
3.    class Bug
4.    {
5.        public:
6.        int type;
7.        Bug(int leg,int color)              //定义基类构造函数并初始化变量
8.        {
9.            nleg=leg;
10.           ncolor=color;
11.       }
12.       void display()
13.       {
14.           cout<<"腿数:"<<nleg<<endl<<"颜色种类为:"<<ncolor<<endl;
15.       }
16.       protected:
17.       int nleg;
18.       int ncolor;
19.   };
20.   class Flybug:public Bug                  //Flybug 类继承 Bug 类
21.   {
22.       public:
23.       Flybug(int leg,int color,int wing):Bug(leg,color)
24.       {                                    //只对派生类新增成员初始化
25.           nwing=wing;
26.       }                                    //定义派生类的构造函数并初始化数据
27.       void display1()
28.       {
29.           Bug::display();
```

```
30.              cout<<"翅膀个数:"<<nwing<<endl;
31.          }
32.      private:
33.          int nwing;
34.      };
35.      class Butterfly:public Flybug
36.      {
37.          public:
38.          Butterfly(int leg,int color,int wing,int tactile):Flybug(leg,color,wing)
39.          {
40.          ntactile=tactile;
41.          }
42.          void display2()
43.          {
44.              display1();
45.              cout<<"触角个数:"<<ntactile<<endl;
46.          }
47.      private:
48.          int ntactile;
49.      };
50.      int main()
51.      {
52.          Butterfly f(4,3,2,2);
53.          f.display2();
54.          return 0;
55.      }
```

运行结果如图 7-14 所示。

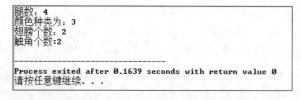

图 7-14 例 7-12 的运行结果

继承的关系如图 7-15 所示。

按照前面派生类构造函数的规则逐层写出各个派生类的构造函数。

基类的构造函数首部：

```
Bug(int leg,int color)
```

派生类 Flybug 的构造函数首部：

```
Flybug(int leg,int color,int wing):Bug(leg,color)
```

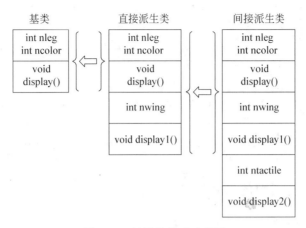

图 7-15 继承的关系示意图

派生类 Butterfly 的构造函数首部：

```
Butterfly(int leg,int color,int wing,int tactile):Flybug(leg,color,wing)
```

注意：

（1）只须调用其直接基类的构造函数即可，不要列出每一层派生类的构造函数。

（2）调用 Butterfly 构造函数，在执行 Butterfly 构造函数时，先调用 Flybug 构造函数。

（3）在执行 Flybug 构造函数时，先调用基类 Bug 构造函数。

初始化的顺序如下：

① 先初始化基类的数据成员 leg 和 color；

② 再初始化 Flybug 的数据成员 wing；

③ 最后初始化 Butterfly 的数据成员 tactile。

继承中有两种常见的特殊关系：隐藏和覆盖。当子类中有与基类同名的成员函数时发生隐藏现象，在主函数调用时要注意。例如：

```
1.    class Person
2.    {
3.        public:
4.        void play();
5.        protected:
6.        string m_strName;
7.    };
8.    class Soldier : public Person
9.    {
10.       public:
11.       void play();                          //与父类同名
12.       void work();
13.       protected:
14.       int m_iCode;
```

```
15.    };
16.    int main()
17.    {
18.        Soldier soldier;
19.        soldier.play();                              //访问子类成员函数
20.        soldier.Person::play();                      //访问父类同名成员函数
21.        return 0;
22.    }
```

7.5.4　派生类构造函数的特殊形式

在使用派生类构造函数时，有以下几种特殊方式。

（1）当需要对数据成员进行操作时构造函数体可以为空，这时也可省略构造函数。例如例 7-10 中派生类构造函数可改成：

```
Butterfly(int leg,int color,int wing,int tactile):Flybug(leg,color,wing){}
```

此时调用此构造函数时只是为了将参数传递给基类对象，对派生类对象不做处理。

（2）如果基类中没有定义构造函数时，在写派生类构造函数时可以不写积累构造函数。

（3）如果基类中定义了既带参数的构造函数又定义了不带参数的构造函数，那么在定义派生类构造函数时既可以包含基类构造函数及其参数又可以不包含基类构造函数。

7.5.5　派生类的析构函数

析构函数（Destructor）用于善后工作，无返回类型，也没有参数，所以在派生类中是否要定义析构函数与基类无关，析构函数情况比较单一也比较简单。在派生过程中，基类的析构函数不能被继承，如果需要析构函数，必须在派生类中重新定义。派生类析构函数定义格式和费派生类析构函数定义格式一样，如果没有定义析构函数，系统会默认一个析构函数，清理工作就由它们来完成。

析构函数各部分的执行顺序与构造函数相反，首先是对派生类新增成员析构，然后对基类成员析构，并且基类的析构函数不会因为派生类没有析构函数而得不到执行，它们各自是独立的。

【例 7-13】　观察构造函数的定义和执行顺序。代码如下：

```
1.    #include<iostream>
2.    using namespace std;
3.    class Bug
4.    {
5.        public:
6.        int type;
7.        Bug(int leg,int color)              //定义基类构造函数并初始化变量
8.        {
9.            nleg=leg;
```

```cpp
10.          ncolor=color;
11.      }
12.      void display()
13.      {
14.          cout<<"腿数:"<<nleg<<endl<<"颜色种类为:"<<ncolor<<endl;
15.      }
16.      ~Bug()                                  //基类 Bug 的析构函数
17.      {
18.          cout<<"ok1"<<endl;
19.      }
20.      protected:
21.      int nleg;
22.      int ncolor;
23.  };
24.  class Flybug:public Bug                     //Flybug 类继承 Bug 类
25.  {
26.      public:
27.      Flybug(int leg,int color,int wing):Bug(leg,color)
28.      {                                       //只对派生类新增成员初始化
29.          nwing=wing;
30.      }                                       //定义派生类的构造函数并初始化数据
31.      void display1()
32.      {
33.          Bug::display();
34.          cout<<"翅膀个数:"<<nwing<<endl;
35.      }
36.      ~Flybug()                               //直接派生类 Flybug 的析构函数
37.      {
38.          cout<<"ok2"<<endl;
39.      }
40.      private:
41.      int nwing;
42.  };
43.  class Butterfly:public Flybug
44.  {
45.      public:
46.      Butterfly(int leg,int color,int wing,int tactile):Flybug(leg,color,wing)
47.      {
48.          ntactile=tactile;
49.      }
50.      void display2()
51.      {
52.          display1();
53.          cout<<"触角个数:"<<ntactile<<endl;
```

```
54.        }
55.        ~Butterfly()                                    //间接派生类 Butterfly 的析构函数
56.        {
57.            cout<<"ok3"<<endl;
58.        }
59.    private:
60.        int ntactile;
61.    };
62.    int main()
63.    {
64.        Butterfly f(4,3,2,2);
65.        f.display2();
66.        return 0;
67.    }
```

运行结果如图 7-16 所示。

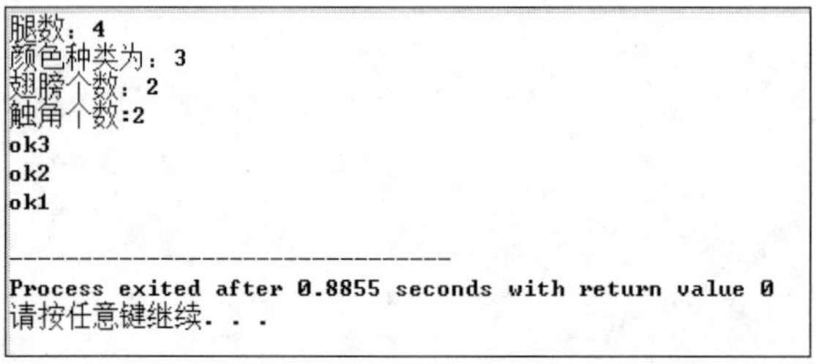

```
腿数: 4
颜色种类为: 3
翅膀个数: 2
触角个数:2
ok3
ok2
ok1
_____
Process exited after 0.8855 seconds with return value 0
请按任意键继续. . .
```

图 7-16　例 7-13 结果

7.6　多重继承

在前面派生类都直接派生于或间接派生于一个基类,但实际上派生类可以有任意多个直接基类。这个功能称之为多重继承(与单一继承相对,即有多个基类)。有的参考书称之为多重继承,有的称之为多继承。在本书中统一称为多重继承。

为了讨论多重继承的特点,下面看一个层次结构,其中包含 A 和 B 类。假定要定义一个类,其中包含脱水物品的箱子,例如谷物箱。这可以使用单一继承来完成,即从 B 类中派生一个新类,再添加一个数据成员表示其内容,也可以使用如图 7-17 所示的层次结构来完成。

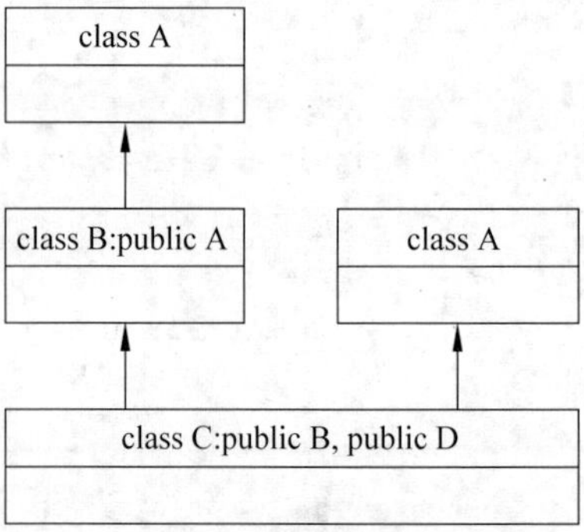

图 7-17　多继承示意图

7.6.1　声明多重继承的方式

多重继承声明方式如下:

```
class Worker
{…
};
class Farmer
{…
};
class MigrantWorker: public Worker, public Farmer
{…
};
```

注意：写法上要用逗号分隔，而且要写上继承方式，如果不写，则默认为 private。

【例7-14】 分别定义 A、B、C 3 个类，在它们之间实现继承与派生功能。代码如下：

```
1.    #include<iostream>
2.    using namespace std;
3.    class A
4.    {
5.        public:
6.        A()
7.        {
8.            cout<<endl<<"调用类 A 构造函数初始化该类成员"<<endl;
9.
10.       }
11.       ~A()
12.       {
13.           cout<<endl<<"调用类 A 析构函数删除该对象"<<endl;
14.       }
15.   };
16.   class B
17.   {
18.       public:
19.       B()
20.       {
21.           cout<<endl<<"调用类 B 构造函数初始化该类成员"<<endl;
22.       }
23.       ~B()
24.       {
25.           cout<<endl<<"调用类 B 析构函数删除该对象"<<endl;
26.       }
27.   };
28.
29.   class C:public B,public A
30.   {
31.       public:
```

```
32.        C()
33.        {
34.            cout<<endl<<"调用类 C 构造函数初始化该类成员"<<endl;
35.        }
36.        ~C()
37.        {
38.            cout<<endl<<"调用类 C 析构函数删除该对象"<<endl;
39.        }
40.    };
41.    int main()
42.    {
43.        C c;
44.        return 0;
45.    }
```

运行结果如图 7-18 所示。

```
调用类B构造函数初始化该类成员
调用类A构造函数初始化该类成员
调用类c构造函数初始化该类成员
调用类c析构函数删除该对象
调用类A析构函数删除该对象
调用类B析构函数删除该对象
--------------------------------
Process exited after 0.6726 seconds with return value 0
请按任意键继续...
```

图 7-18   例 7-14 的运行结果

7.6.2 多重继承派生类的构造函数

继承方式除了单一继承外还有多重继承方式。那么在发生多重继承时,派生类构造函数又具有怎样特点呢? 下面举例简单说明一下。

【例 7-15】 多重继承派生类构造函数的实现。代码如下:

```
1.    #include<iostream>
2.    using namespace std;
3.    class student
4.    {
5.        protected:
6.
7.        int number;
8.        public:
9.        student(int number):number(number)          //定义基类构造函数
10.       {
```

```
11.          cout<<"student 类构造函数"<<endl;
12.
13.      }
14.      void print()
15.      {
16.          cout<<"学生学号为:"<<number<<endl;
17.
18.      }
19.      ~student()
20.      {
21.          cout<<"student 类析构函数"<<endl;
22.      }
23.  };
24.  class teacher
25.  {
26.      protected:
27.
28.      int age;
29.      public:
30.      teacher(int age):age(age)                              //定义基类构造函数
31.      {
32.          cout<<"teacher 类构造函数"<<endl;
33.
34.      }
35.      void printf()
36.      {
37.
38.          cout<<"教师年龄:"<<age<<endl;
39.
40.      }
41.      ~teacher()
43.      cout<<"teacher 类析构函数"<<endl;
44.      }
45.  };
46.  class assistant:public student,public teacher
47.  {
48.      private:
49.      int salary;
50.      public:
51.
52.      assistant(int number,int age,int salary):student(number),teacher(age),
     salary(salary)
53.      //派生类构造函数
54.      {
```

```
55.          cout<<"assistant类构造函数"<<endl;
56.
57.      }
58.      void print()
59.      {
60.
61.          cout<<"学号:"<<number<<endl;
62.          cout<<"年龄:"<<age<<endl;
63.          cout<<"工资:"<<salary<<endl;
64.      }
65.      ~assistant()
66.      {
67.          cout<<"assistant类析构函数"<<endl;
68.      }
69.
70.  };
71.  int main()
72.  {
73.      assistant a(1510,18,100);
74.      a.print();
75.      return 0;
76.  }
```

运行结果如图 7-19 所示。

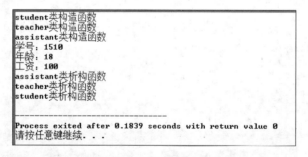

图 7-19　例 7-15 的运行结果

派生类构造函数执行顺序如下:

(1)调用基类构造函数,如有多个基类,则按照它们被继承的顺序依次调用。基类的继承顺序就是派生类声时":"后面基类的顺序,从左到右。

(2)调用内嵌对象的构造函数,如果有多个,则按照它们在类的数据成员声明中的先后顺序。

(3)执行派生类构造函数体内容。

如果派生类没有内嵌对象,直接跳过第(2)步,执行第(3)步。

7.6.3 多重继承的二义性

一般来说,派生类对基类成员访问时唯一性的,但是,由于多重继承中继承了多个基类,如果多个基类中有相同的成员,那么在派生类中的访问就会出现二义性问题,编译器无法确定到底该调用哪个成员,这种由于多重继承而引起的对类的某个成员访问出现不唯一的情况成为二义性问题。

【例 7-16】 多重继承二义性。定义一个小轿车类 car 和一个小货车类 wagon,它们共同派生出一个两用车类 station wagon。代码如下:

```
1.    #include<iostream>
2.    using namespace std;
3.    class car                                  //客车类
4.    {
5.        private:
6.        int power;                             //马力
7.        int seat;                              //座位
8.        public:
9.        car(int power,int seat)
10.       {
11.           this->power=power;
12.           this->seat=seat;
13.       }
14.       void show()
15.       {
16.           cout<<"car power:"<<power<<endl<<"car seat:"<<seat<<endl;
17.       }
18.   };
19.   class wagon                                //货车类
20.   {
21.       private:
22.       int power;                             //马力
23.       int load;                              //装载量
24.       public:
25.       wagon(int power,int load)
26.       {
27.           this->power=power;
28.           this->load=load;
29.       }
30.       void show()
31.       {
32.           cout<< "wagon power:"<<power<<endl<< "wagon load:"<<load<<endl;
33.       }
34.
35.   };
```

```
36.    class stationwagon:public car,public wagon          //客货两用车类
37.    {
38.        public:
39.        stationwagon(int power,int seat,int load):wagon(power,load),
           car(power,seat)
40.        {
41.        }
42.        void showsw()
43.        {
44.            cout<<"stationwagon:"<<endl;
45.            car::show();
46.            wagon::show();
47.        }
48.    };
49.    int main()
50.    {
51.        stationwagon sw(100,4,8);
52.        //sw.show();                    //错误,两个基类都有 show()函数,所以引发二义性问题
53.        sw.showsw();
54.        return 0;
55.    }
```

错误的运行结果如图 7-20 所示,正确的运行结果如图 7-21 所示。

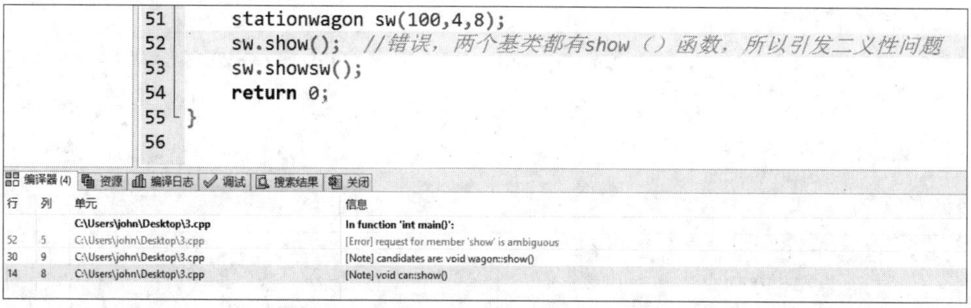

图 7-20 例 7-16 错误的运行结果

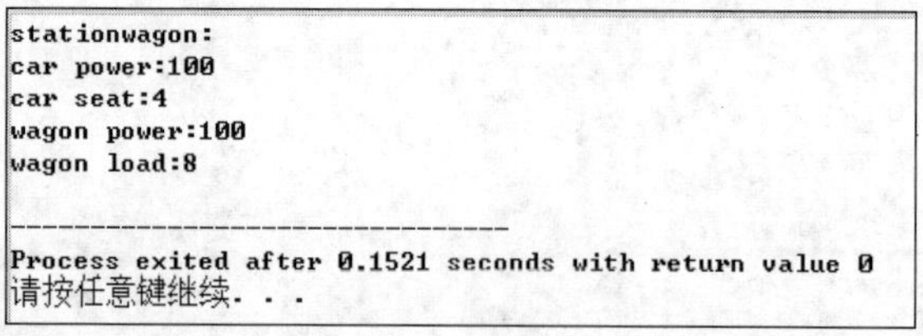

图 7-21 例 7-16 正确的运行结果

如何解决二义性问题呢?常用的有两种方法。

(1)成员名限定:通过类的作用域分辨符":"明确限定出歧义的成员继承自哪一个基

类。例如,使用 car::show()和 wagon::show()来明确指出是哪个基类的成员函数。

(2) 成员重定义:在派生类中新增一个新增一个与基类中成员相同的成员,由于同名覆盖,程序自动选择后一个成员。例如,将 stationwagon 中的 showsw()改成 show(),这就覆盖了两个基类中的 show()。

为了解决不同途经继承来的同名成员在内存中有不同的副本造成的数据不一致问题,将其共同的基类设为虚基类。这时从不同路径继承来的同名数据成员在内存中只有一个副本,同一个数据名也只有一个映射。这样不仅解决了二义性问题,也解决了内存问题。

7.6.4　虚基类

虚基类的定义格式如下:

```
Class 派生类名:virtual 继承方式 基类名
```

其中,virtual 是关键字,声明该基类为虚基类。使用虚基类。

若将例 7-12 程序改为:

```
class stationwagon:virtual public car,virtual public wagon
```

这时,stationwagon 从不同途经继承来的 show()就只有一个副本。

7.7　基类与派生类的转换

不同数据类型之间在一定一条件下可以进行数据类型的转换,这种不同数据类型之间的转换称为赋值兼容。那么基类与派生类对象之间是不是也存在赋值兼容问题呢? 答案是肯定的。具体表现有以下几个方面:

(1) 派生类对象可以向基类对象赋值。例如:

```
A a;                        //定义基类对象
B b;                        //定义 A 的公有派生类对象
b=a;                        //用派生类对象 b 对基类对象 a 进行赋值
```

注意:复制后不能通过对象 a 去访问对象 b 的成员,只能用派生类对象对其基类对象赋值,不能用基类对象对派生类对象赋值。同一基类的不同派生类对象之间也不能赋值。

(2) 派生类对象可以替代基类对象向基类对象的引用进行赋值或初始化,例如:

```
A a;                        //定义基类 A 对象
B b;                        //定义 A 的公有派生类 B 的对象
A&r=a;                      //定义基类 A 对象的引用 r,并对 r 进行初始化
```

注意:r 是 a 的引用,r 与 a 共享同一个存储单元。例如:

```
void fun(A&a)               //形参是 A 类对象引用
{cout<<r.nam<<endl;}        //输出该对象引用的成员 nam
```

（3）派生类对象的地址可以赋值给指向基类对象的指针变量，也就是说，指向基类对象的指针变量也可以指向派生类对象。例如：

```
Student * p=&stud1;              //定义指向 Student 类对象的指针
P=&grad1;                        //指针指向 grad1,Student 公有派生类对向
P->display();                    //调用 grad1.display()函数
```

7.8 继承与组合

对象成员的类型可以是本派生类的基类，也可以是一个已定义的类。在一个类中已另一个类对象做数据成员，称为类的组合。

【例 7-17】 举例说明类的组合。代码如下：

```
1.    class Teacher                        //声明教师类
2.    {
3.        private:
4.        int num;
5.    };
6.    class Birthday                        //声明生日类
7.    {
8.        private:
9.        int day;
10.    };
11.    class Professor:public Teacher        //声明教授类
12.    {
13.        private:
14.        Birthday birthday1;              //Birthday 类的对象做数据成员
15.    };
```

本 章 小 结

（1）通过继承，派生类在原有类的基础上派生出来，继承原有类的属性的和行为，并且可以扩充新的属性和行为，也可以对原有类中的成员进行更新，从而实现软件的重用。

（2）继承方式有 public 公有继承、protected 保护继承和 private 私有继承，在各种继承方式下，基类的私有成员在派生类中都是不可访问的。

（3）在派生类建立对象时会调用派生类的构造函数，在调用派生类构造函数前先调用基类构造函数。销毁派生类对象时，先调用派生类析构函数再调用基类析构函数。

（4）在多重继承时，多个基类中的同名成员在派生类中由于标识符不唯一而出现二义性。在派生中采用虚基类或成员名限定或重新定义的方法来消除二义性。

习　题　7

一、选择题

1. 设置虚基类目的是(　　　)。

    A. 简化程序   B. 消除二义性

    C. 提高运行效率   D. 减少目标代码

2. 下面对继承的描述错误的是(　　　)。

    A. 一个派生类可以做另一个派生类基类

    B. 派生类至少有一个基类

    C. 派生类的成员除了它自己的成员外,还包含了它的基类成员

    D. 派生类中的继承的基类成员的访问权限到了基类成员中保持不变

3. 有如下定义:

```
class mybase()
{
    int k;
    public:
    void set(int n){k=n;
    }
    int get()const{return k;}
};
class myderived:protected mybase
{
    protected:
        int j;
    public:
        void set(int m,int n){mybase::set(m);j=n;
        }
        int get(){return mybase::get()+j;
        }
};
```

则在 myderived 中保护成员的个数(　　　)。

    A. 4   B. 3   C. 2   D. 1

二、填空题

1. 写出下列程序执行结果:

```
#include<iostream>
using namespace std;
class sample
{
```

```
        int x;
    public:
    void setx(int i){x=i;
    }
        int putx(){return x;
    }
};
int main()
{
    sample * p;
    sample A[3];
    A[0].setx(5);
    A[1].setx(6);
    A[2].setx(7);
    for(int j=0;j<3;j++)
    {p=&A[j];
    cout<<p->putx()<<" ";
    }
    cout<<endl;
    return 0;
}
```

2. 写出下列程序执行结果：

```
#include<iostream>
using namespace std;
class A
{
    public:
    A(){cout<<"constructing A\n";
    }
    ~A(){cout<<"destructing A\n";
    }
};
class B
{public:
    B(){cout<<"constructing B\n";
    }
    ~B(){cout<<"destructing B\n";
    }
};
int main()
{
    A a;
```

```
    B b;
    return 0;
}
```

三、问答题

比较 3 种继承方式 public 公有继承、protected 保护继承、private 私有继承之间的差别。

四、编程题

1. 定义一个 point 类,派生出 rectangle 类和 circle 类,计算各派生类的面积 area。

2. 补充完整例 7-4 的程序,并运行写出结果。

3. 定义一个 object 类,有成员变量 weight 和相应的成员函数。基于这个类,定义一个新的 box 类,并且在派生类里增加新的成员变量 height 和 width 以及它们对应的成员函数。在 main 函数里面定义 box 类的对象并测试它,观察构造函数与析构函数的调用顺序。

4. 分别定义 Teacher(教师)类和 Cadre(干部)类,采用多重继承方式由这两个类共同派生出新类 Teacher_Cadre(教师兼干部)。要求如下:

(1) 在两个基类中都包含姓名、年龄、性别、地址、电话等数据成员。

(2) 在 Teacher 类中还包含数据成员 title(职称),在 Cadre 类中还包含数据成员 post(职务),在 Teacher_Cadre 类中还包含数据成员 wages(工资)。

(3) 对两个基类中的姓名、年龄、地址、电话等数据成员用相同的名字,在引用这些数据成员时,指定作用域。

(4) 在类体中声明成员函数,在类外定义成员函数。

(5) 在派生类 Teacher_Cadre 的成员函数 show 中调用 Teacher 类中的 display 函数,输出姓名、年龄、性别、职称、地址、电话,然后再用 cout 语句输出职务与工资。

5. 使用虚继承的方式实现以下 4 个类的菱形继承关系。

(1) 定义 Person 类,数据成员:m_strColor,成员函数:构造函数、析构函数、printcolor()。

(2) 定义 Farmer 类,继承 Person 类。数据成员:m_strName,成员函数:构造函数、析构函数、sow()。

(3) 定义 Worker 类,继承 Person 类。数据成员:m_strcode,成员函数:构造函数、析构函数、carry()。

(4) 定义 MigrantWorker 类,共同继承 Farmer 类和 Worker 类。数据成员:无,成员函数:构造函数、析构函数。

编程要求:

(1) MigrantWorker 类的构造函数中含有 3 个参数,分别为 name、code 和 color,使用参数初始化列表的方式向父类的构造函数传递参数。

(2) 在主函数中实例化 MigrantWorker 类对象,观察构造函数与构造函数的调用次数与次序。

6. 建立一个 Point(点)类,包含数据成员 m_dX,m_dY(坐标点),构造函数、相应成员函数;以 Point 为基类,派生出一个 Circle(圆)类,增加数据成员 m_dR(半径),构造函数、相应成员函数,圆面积函数 getArea();再以 Circle 类为直接基类,派生出一个 Cylinder(圆柱体)类,增加数据成员 m_dR(高),构造函数、相应成员函数、圆柱体积函数、圆柱表面积函数 getArea()。

编程要求:

(1) 将类的定义部分分别作为 3 个头文件(.h 文件),对它们的成员函数的声明部分分别作为 3 个源文件(.cpp 文件)。

(2) 重载运算符"<<"和">>",使之能用于属于以上类对象的输出。

第8章 多态性

【本章内容】

- 多态性概述；
- 函数重载；
- 运算符重载；
- 不同类型数据间的转换；
- 虚函数和虚析构函数；
- 纯虚函数与抽象类；
- 指针与多态性。

多态性是面向对象编程的一个重要组成部分，具有强大的功能，很多的程序中都可以用到，接着第 7 章学习的继承，本章主要依据上面的知识点来学习多态性的概念以及使用。

8.1 多态性概述

在 C++ 程序设计中，多态性是指具有不同功能的函数可以用同一个函数名，这样就可以用一个函数名调用不同内容的函数。在面向对象方法中一般是这样表述多态性的：向不同的对象发送同一个消息，不同的对象在接收时会产生不同的行为（即方法）。也就是说，每个对象可以用自己的方式去响应共同的消息。所谓消息指令，就是调用函数，不同的行为就是指不同的实现，即执行不同的函数。利用多态性技术，可以调用同一个函数名的函数，实现完全不同的功能。

其实函数的重载、运算符重载都是多态现象。例如，使用运算符"＋"使两个数值相加，就是发送一个消息，它要调用 operator＋函数。实际上，整型、单精度型、双精度型的加法操作过程是互不相同的，是由不同内容的函数实现的。很明显，它们都在以不同的行为或方法来响应同一消息。

用现实生活中的现象来解释多态性，例如公司董事长要开一次全体会议，对于不同的对象它们会做出不同的反应，秘书助理会准备布置会议场地，经理要准备工作汇报，员工要及时到达会议场地参加会议并记录会议内容……由于事先对各种人员的任务已作了规定，因此在得到同一个消息时，每种人都知道自己应当怎么做，这就是多态性。可以设想，如果不利用多态性，那么董事长就要分别给秘书、经理、员工等许多不同的对象分别发通知，分别具体规定每一类人接到通知后应该怎么做。显然这是一件十分复杂而细致的工作，一个人不可能十全十美地做到一丝不差。当有了多态性机制，董事长在发布消息时，不必一一具体考虑不同类型人员是怎样执行的。至于各类人员在接到消息后应该做什么，并不是临时决定的，而是公司的工作机制事先安排决定好的。董事长只要不断发布各种消息，全体人员就会按预定方案有条不紊地工作。

同样，在 C++ 程序设计中，先在不同的类中定义其响应消息的方法，那么使用这些类时，不需要考虑它们的类型，只要发布指令即可。就像直接使用"＋"，不论哪类数值都能实现相加。不论对象怎样变化，用户都是用同一形式的信息去调用它们，使它们根据事先的安排作出相应的反应。

面向对象的多态性可以严格的分为 4 类：重载多态、强制多态、包含多态和参数多态，前面两种统称为专用多态，而后面两种也称为通用多态。重载多态就是通过对函数的重载来实现多态。强制多态就是通过语言的变化，对变元的类型进行操作，使它满足函数或者操作的需求以实现多态。例如，用一个整数和一个浮点数相加减的时候，系统首先把整型的数转换为浮点型，然后再进行加减，这种情况就是强制多态。包含多态，就是通过虚函数实现类族中的不同类中的同名函数的多态性。参数多态，采用参数化模板，通过给出不同的类型参数，使得一个结构有多种类型。

从系统运行的角度来划分，多态性有编译时的多态和运行时的多态。编译时的多态是通过函数重载和运算符重载来实现的，而运行时的多态是在程序运行过程中才动态地确定操作所针对的对象，运行时的多态是通过虚函数实现的。以上两种情况也称作静态多态性和动态多态性。

8.2　函　数　重　载

在日常生活中，经常会有这样的问题，某些物品只能实现某一个单一的功能，但是却不能解决其他类似的功能。例如，有人想出去探险，就必须准备防晒服、防风服、防水服。虽然这些服装都有一定的用途，但是却不能应对多变的情况，于是就有人将这些功能都集合到一起，做成专门的探险服。这样一来就能很方便地解决上述问题。然而在 C++ 中，也会出现相同的问题，例如现在要求大家求一个数的绝对值，不同的数值其求返回值的函数都是不一样的，例如整型，浮点型。具体如下：

```
int IAbsolute(int a);
Float FAbsolute(float a);
```

这样一来，是不是在求绝对值的时候，就要根据不同的类型，写多个函数求其绝对值呢？其实不需要。在 C++ 中，也能够把具有相同功能的函数整合到一个函数上，而不必去写好多个函数名不同的函数，这叫做函数的重载。重载的本质是多个函数共用同一个函数名。

现在，利用函数重载，就可以很轻松地解决上面这个问题了。

【例 8-1】　利用函数重载求绝对值。代码如下：

```
1.    #include<iostream>
2.    using namespace std;
3.    int Absolute(int i);                    //声明函数
4.    float Absolute(float i);
5.    int main()
6.    {
7.        int a=-1,b=2;
```

```
8.      float c=-2.2,d=3.3;
9.      cout<<"ABS a="<<Absolute(a)<<endl;
10.     cout<<"ABS b="<<Absolute(b)<<endl;
11.     cout<<"ABS c="<<Absolute(c)<<endl;
12.     cout<<"ABS d="<<Absolute(d)<<endl;
13.     return 0;
14.   }
15.   int Absolute(int i)
16.   {
17.     cout <<"调用求整型绝对值函数"<<endl;
18.     return (i>=0?i:-i);
19.   }
20.   float Absolute(float i)
21.   {
22.     cout <<"调用求浮点型绝对值函数"<<endl;
23.     return (i>=0?i:-i);
24.   }
```

运行结果如图 8-1 所示。

程序分析：通过上面函数可以看到函数重载的一般方法,首先在第 3、4 行进行了函数声明,告诉系统同一个函数名存在着多重定义;然后在后面对函数进行了定义;最后在主函数中进行调用。这样,在程序运行时系统就会根据参数的个数以及类型的不同,自动选择相应的函数,大大提高了程序的效率和可读性。

系统能够识别同名函数的区别需要满足一定的条件:

（1）函数参数的不同;

（2）参数相同时至少存在一对相应参数类型不同。

```
调用求整型绝对值函数
ABS a=1
调用求整型绝对值函数
ABS b=2
调用求浮点型绝对值函数
ABS c=2.2
调用求浮点型绝对值函数
ABS d=3.3
请按任意键继续...
```

图 8-1 例 8-1 的运行结果

8.3 运算符重载

8.3.1 运算符重载概念

C++ 中预定义的运算符的操作对象只能是基本数据类型,在实际运用中,很多用户自定义的数据类型,也需要进行同样的运算操作。例如:

```
1.    class complex
2.    {
3.      public:
4.      complex(double r=0.0,double i=0.0){real=r;imag=i;}
5.      void display();
6.      private:
7.      double real;
```

```
8.          double imag;
9.     };
10   complex a(11,23),b(14,25);
```

在这里,由于 a、b 是用户自己定义的数据类型,无法直接用"+"操作,那么"a+b"运算如何实现? 这时需要自己编写程序来说明"+"在作用于 complex 类对象时,该实现什么样的功能,这就是运算符重载。

运算符重载是对已有的运算符赋予多重含义,使同一个运算符作用于不同类型的数据导致不同类型的行为。

运算符重载在实现过程中,首先把指定的运算表达式转化为对运算符函数的调用,运算对象转化为运算符函数的实参,然后根据实参的类型来确定需要调用达标函数,这个过程在编译过程中完成。

和函数重载一样,运算符重载也存在着一定的规则,以此避免一些不必要的麻烦,使程序更加高效简洁,主要有以下几点:

(1) 重载运算符不允许创造新的运算符,除了以下几个运算符以外,C++ 中的所有运算符都可以重载直接成员访问运算符(.)、成员指针运算符(*)、作用域解析运算符(::)、条件运算符(?:)和 sizeof 运算符。

(2) 运算符重载实质上是函数重载,因此编译程序对运算符重载的选择,遵循函数重载的选择原则。

(3) 重载之后的运算符不能改变运算符的优先级和结合性,也不能改变运算符操作数的个数及语法结构。

(4) 运算符重载不能改变该运算符用于内部类型对象的含义,它只能和用户自定义类型的对象一起使用,或者在用户自定义类型的对象和内部类型的对象混合使用时使用。

(5) 运算符重载是针对新类型数据的实际需要,对原有运算符进行的适当的改造。重载的功能应当与原有功能相类似,避免没有目的地使用重载运算符。

(6) C++ 中的大多数运算符都可以通过成员或非成员函数进行重载,但是赋值运算符(=)、函数调用运算符(( ))、下标运算符([ ])和通过指针访问类成员的运算符(->)只能通过成员函数进行重载。

8.3.2　运算符重载实现

运算符重载的形式有两种,重载为类的成员函数和重载为类的友元函数。

(1) 运算符重载为类的成员函数时,语法形式如下:

```
函数类型 operator 运算符(形参表)
{
    函数体;
}
```

(2) 运算符重载为类的友元函数时,语法形式如下:

```
friend 函数类型 operator 运算符(形参表)
{
    函数体;
}
```

其中,函数类型就是运算结果类型;operator 是定义运算符重载函数的关键字;运算符是重载的运算符名称。

下面依次为大家介绍单目运算符、双目运算符的重载。

单目运算符只有一个操作数,例如!a、—b、&c 和 * p,还有最常用的++i、——i、i——、i++等。重载单目运算符的方法与重载双目运算符的方法类似,但是由于单目运算符只有一个操作数,因此运算符重载函数只有一个参数,如果将运算符重载函数作为成员函数,则可以省略。另外,根据运算符的逻辑含义,可以判断重载函数是否需要返回函数值。

在此以运算符"++"为例,介绍单目运算符的重载。

【例 8-2】 自增运算符"++"的重载函数。代码如下:

```
1.      #include<iostream>
2.      using namespace std;
3.      class Time
4.      {
5.          public:
6.          Time(){minute=0;sec=0;}
7.          Time(int m,int s):minute(m),sec(s){}
8.          Time operator++();                          //声明前置自增运算符"++"重载函数
9.          Time operator++(int);                       //声明后置自增运算符"++"重载函数
10.         void display(){cout<<minute<<":"<<sec<<endl;}
11.         private:
12.         int minute;
13.         int sec;
14.     };
15.     Time Time::operator++()                         //定义前置自增运算符"++"重载函数
16.     {
17.         if(++sec>=60)
18.         {
19.             sec-=60;
20.             ++minute;
21.         }
22.         return * this;                              //返回自加后的当前对象
23.     }
24.     Time Time::operator++(int)                      //定义后置自增运算符"++"重载函数
25.     {
26.         Time temp(* this);
```

```
27.          sec++;
28.          if(sec>=60)
29.          {
30.              sec-=60;
31.              ++minute;
32.          }
33.          return temp;                    //返回的是自加前的对象
34.     }
35.     int main()
36.     {
37.          Time time1(25,20),time2;
38.          cout<<" time1 : ";
39.          time1.display();
40.          ++time1;
41.          cout<<"++time1: ";
42.          time1.display();
43.          time2=time1++;                   //将自加前的对象的值赋给 time2
44.          cout<<"time1++: ";
45.          time1.display();
46.          cout<<" time2 :";
47.          time2.display();                 //输出 time2 对象的值
48.     }
```

运行结果如图 8-2 所示。

程序分析：从结构可以看到，在程序中分别对前置自增运
算符（++）和后置自增运算符进行了重载，其功能分别是使时
间的秒数加 1 和加 2。C++ 中区别前置自增和后置自增的办法
就是在重载后置自增时，在

```
time1 : 25:20
++time1: 25:21
time1++: 25:22
time2 :25:21
请按任意键继续. . .
```

图 8-2　例 8-2 的运行结果

```
Time Time::operator++()
```

的括号里加上"int"。

通过上面的例子可以看到，通过运算符重载这种方法，使同一个运算符实现了多种不同
的功能，下面继续介绍双目运算符的重载。双目运算符（二元运算符）是 C++ 中很常见的运
算符。双目运算符有两个操作数，通常在运算符的左右两侧，例如 $4+6,m=n,i>8$ 等，在
此以复数的四则运算为例，介绍双目运算符的重载方法。

【例 8-3】　复数的四则运算。代码如下：

```
1.     #include<iostream>
2.     using namespace std;
3.     class Complex
4.     {
5.          public:
```

```
6.          Complex(){real=0;imag=0;}
7.          Complex(double r,double i){real=r; imag=i;}   //声明成员函数作为重载函数
8.          Complex operator+(const Complex &c2);
9.          void display();
10.         private:
11.         double real;
12.         double imag;
13.     };
14.     Complex Complex::operator+(const Complex &c2)       //定义重载函数
15.     {
16.         Complex c;
17.         c.real=real+c2.real;
18.         c.imag=imag+c2.imag;
19.         return c;
20.     }
21.     void Complex::display()                             //定义输出函数
22.     {
23.         cout<<"("<<real<<","<<imag<<"i)"<<endl;
24.     }
25.     int main()
26.     {
27.         Complex c1(1,4),c2(3,-5),c3;
28.         cout<<"c1=";
29.         c1.display();
30.         cout<<"c2=";
31.         c2.display();
32.         c3=c1+c2;
33.         cout<<"c1+c2=";
34.         c3.display();
35.         return 0;
36.     }
```

程序结果如图 8-3 所示。

　　程序分析：本例的功能也可用友元函数实现，必须在定义类
的时候声明友元函数用于运算符重载，并且在类外实现运算符
重载函数的定义同时将运算符函数改为有两个参数。在将运算
符"＋"重载为非成员函数后，C＋＋编译系统将程序中的表达式
c1＋c2 解释为

```
c1=(1,4i)
c2=(3,-5i)
c1+c2=(4,-1i)
请按任意键继续. . .
```

图 8-3　例 8-3 的运行结果

```
operator+(c1, c2)
```

即执行 c1＋c2 相当于调用以下函数：

```
1.          Complex operator + (Complex &c1,Complex &c2)
2.          {
3.              return Complex(c1.real+c2.real, c1.imag+c2.imag);
4.          }
```

求出两个复数之和。

【例 8-4】 举例说明双目运算符重载为友元函数。代码如下：

```
1.    #include<iostream>
2.    using namespace std;
3.    class Complex
4.    {
5.        public:
6.        Complex(){real=0;imag=0;}
7.        Complex(double r,double i){real=r;imag=i;}
8.        friend Complex operator + (Complex &c1,Complex &c2);
                                        //重载函数作为友元函数
9.        void display();
10.       private:
11.       double real;
12.       double imag;
13.    };
14.    Complex operator + (Complex &c1,Complex &c2)    //定义作为友元函数的重载函数
15.    {
16.        return Complex(c1.real+c2.real, c1.imag+c2.imag);
17.    }
18.    void Complex::display()                         //定义输出函数
19.    {
20.        cout<<"("<<real<<","<<imag<<"i)"<<endl;
21.    }
22.    int main()
23.    {
24.        Complex c1(1,4),c2(3,-5),c3;
25.        c3=c1+c2;
26.        cout<<"c1="; c1.display();
27.        cout<<"c2="; c2.display();
28.        cout<<"c1+c2="; c3.display();
29.    }
```

程序结果如图 8-4 所示。

程序分析：因为运算符函数要访问 Complex 类对象中的成员，所以要把运算符函数作为友元函数。如果运算符函数不是 Complex 类的友元函数，而是一个普通的函数，它是无权访问 Complex 类的私有成员的。

```
c1=(1,4i)
c2=(3,-5i)
c1+c2=(4,-1i)
请按任意键继续. . .
```

图 8-4　例 8-4 的运行结果

在前面的介绍中曾提到过,运算符重载函数可以是类的成员函数,也可以是类的友元函数,还可以是既非类的成员函数,也不是友元函数的普通函数。现在分别讨论这 3 种情况。

首先,只有在极少的情况下才使用既不是类的成员函数也不是友元函数的普通函数,因为普通函数不能直接访问类的私有成员。

在剩下的两种方式中,什么时候应该用成员函数方式,什么时候应该用友元函数方式?二者有何区别呢?如果将运算符重载函数作为成员函数,它可以通过 this 指针自由地访问本类的数据成员,因此可以少写一个函数的参数。但是必须要求运算表达式第一个参数(即运算符左侧的操作数)是一个类对象,而且与运算符函数的类型相同。因为必须通过类的对象去调用该类的成员函数,而且只有运算符重载函数返回值与该对象同类型,运算结果才有意义。在例 8-4 中,表达式 c1＋c2 中第一个参数 c1 是 Complex 类对象,运算符函数返回值的类型也是 Complex,这是正确的。如果 c1 不是 Complex 类,它就无法通过隐式 this 指针访问 Complex 类的成员了。如果函数返回值不是 Complex 类复数,显然这种运算是没有实际意义的。

如果想将一个复数和一个整数相加,例如 c1＋i,可以将运算符重载函数作为成员函数,写成下面的形式:

```
1.    Complex Complex::operator+(int &i) //运算符重载函数作为 Complex 类的成员函数
2.    {
3.        return Complex(real+i,imag);
4.    }
```

注意:在表达式中重载的运算符"＋"左侧应为 Complex 类的对象,例如:

```
c3=c2+i;
```

不能写成

```
c3=i+c2;                                          //运算符"+"的左侧不是类对象,编译出错
```

如果出于某种考虑,要求在使用重载运算符时运算符左侧的操作数是整型量(如表达式 i＋c2,运算符左侧的操作数 i 是整数),这时是无法利用前面定义的重载运算符的,因为无法调用 i.operator＋函数。可想而知,如果运算符左侧的操作数属于 C++ 标准类型(例如 int)或是一个其他类的对象,则运算符重载函数不能作为成员函数,只能作为非成员函数。如果函数需要访问类的私有成员,则必须声明为友元函数。可以在 Complex 类中声明:

```
friend Complex operator+(int &i,Complex &c);          //第一个参数可以不是类对象
```

在类外定义友元函数:

```
1.    Complex operator+(int &i, Complex &c)           //运算符重载函数不是成员函数
2.    {
3.        return Complex(i+c.real, c.imag);
4.    }
```

将双目运算符重载为友元函数时，在函数的形参表列中必须有两个参数，不能省略，形参的顺序任意，不要求第一个参数必须为类对象。但在使用运算符的表达式中，要求运算符左侧的操作数与函数第一个参数对应，运算符右侧的操作数与函数的第二个参数对应。例如：

```
c3=i+c2;                    //正确，类型匹配
c3=c2+i;                    //错误，类型不匹配
```

注意，数学上的交换律在此不适用。如果希望适用交换律，则应再重载一次运算符"+"。例如：

```
1.        Complex operator+(Complex &c, int &i)          //此时第一个参数为类对象
2.        {
3.            return Complex(i+c.real, c.imag);
4.        }
```

这样，使用表达式 i+c2 和 c2+i 都合法，编译系统会根据表达式的形式选择调用与之匹配的运算符重载函数。可以将以上两个运算符重载函数都作为友元函数，也可以将一个运算符重载函数（运算符左侧为对象名的）作为成员函数，另一个（运算符左侧不是对象名的）作为友元函数。但不可能将两个都作为成员函数，原因是显然的。

C++ 规定，赋值运算符、下标运算符、函数调用运算符等运算符如必须定义为类的成员函数，有的运算符则不能定义为类的成员函数，例如流插入运算符($<<$)、流提取运算符($>>$)和类型转换运算符。

由于友元的使用会破坏类的封装，因此要尽量将运算符函数作为成员函数。综合考虑各方面因素，一般将单目运算符重载为成员函数，双目运算符重载为友元函数。

8.4 不同类型数据间的转换

C++ 中不同类型的数据之间可以进行自动转换，这是由 C++ 编译系统自动完成的，不需要用户自己定义，这种数据类型转换即为隐式类型转换。

【例 8-5】 举例说明不同类型数据的转换。代码如下：

```
1.    #include<iostream>
2.    using namespace std;
3.    int main()
4.    {
5.        int i=1;
6.        float j=1.5;
7.        i=i+j;
8.        cout<<i<<endl;
9.    }
```

程序结果如图 8-5 所示。

程序分析：在这里，首先声明了 i 是整型数据，但是后面进
行操作时，却是将浮点型的数据 j 与 i 相加，这时，C++ 编译系统
会自动进行数据类型的转换，使 2 的数据类型转换为浮点型，然
后与 1.5 相加得到 3.5。之后向整型数据 i 赋值时，又将 3.5 转
换为整型，得到 3。

```
2
请按任意键继续. . .
```

图 8-5　例 8-5 的运行结果

在 C++ 中经常会遇到数据转换的问题，在 C++ 中数据转换主要有 4 种方式：静态类型
转换的 static_cast 转换、动态类型转换的 dynamic_cast 转换、去 const 属性的 const_cast 转
换和重新解释类型的 reinterpret_cast 转换。下面依次进行介绍。

（1）static_cast：静态转换，用于 C++ 中内置的基本类型转换，例如 float、int、struct、
enum 等，static_cast 不能进行无关类型指针的相互转换。

（2）dynamic_cast：动态转换，主要用于多态类之间的类型转换 dynamic_cast 是运行时
处理的，在运行时进行类型检查。不可用于内置基本数据类型之间的强制转换。dynamic_
cast 转换如果成功，则返回的是指向类的指针或引用；如果转换失败，则会返回 NULL。在
使用的时候一定要注意使用 dynamic_cast 进行转换的，基类中要含有虚函数，否则编译的
时候不能通过。

（3）const_cast：可以改变一个类型的 const 或 volatile 属性，需要注意的是，const_cast
不可以进行不同种类数据之间的转换。

（4）reinterpret_cast：用于为数据在程序中存储的二进制形式进行重新解释，但是值会
不改变。转换的类型必须是一个指针、引用、算术类型、函数指针或者成员指针。
reinterpret_cast 最常见的用途就是在函数指针类型之间进行转换。由于这种转换的移植性
很差，所以不推荐使用。

8.5　虚　函　数

由类继承的层次结构可以看出，在不同的层次里允许出现名字、参数和类型都一样
而功能不一样的函数。在程序运行时，因为它们不在同一个类中，所以 C++ 编译系统会
按照同名覆盖的原则进行调用。在同一类中是不能定义两个名字相同、参数个数和类型
都相同的函数的，否则就是"重复定义"，这是因为编译系统无法识别这两个函数之间的
差别而报错。

由此提出这样的设想，能否用同一个调用形式调用派生类或基类的同名函数呢？

在程序中不是通过不同的对象名去调用不同派生层次中的同名函数，而是通过指针进
行调用的。例如，使用同一个语句

```
p->display()
```

去调用不同派生层次中的 display()函数，只需在调用前给指针变量 p 进行赋值，使其指向
不同的子对象就可以实现。

在 C++ 中的虚函数就是用来解决这个问题的。虚函数的作用是允许在派生类中重新定义与基类同名的函数，并且可以通过基类指针或引用来访问基类和派生类中的同名函数。在此用一个例子来介绍 C++ 中有无虚函数的区别以及虚函数的作用。

【例 8-6】 定义一个学生类和教师类，学生类具有姓名、编号两个基本属性，并且能输出学生信息。教师类继承学生类的属性并在此基础上增加一个工资（wages）属性。两者都能输出各自的数据。代码如下：

```cpp
1.    #include<iostream>
2.    #include<string>
3.    using namespace std;
4.    class Student
5.    {
6.        public:
7.        Student(int, string);              //声明构造函数
8.        void display();                    //声明输出函数
9.        protected:                         //受保护成员,派生类可以访问
10.       int num;
11.       string name;
12.   };
13.   Student::Student(int n, string nam)    //构造函数
14.   {
15.       num=n;
16.       name=nam;
17.   }
18.   void Student::display()                //定义输出函数
19.   {
20.       cout<<"输出学生信息:\n"<<endl;
21.       cout<<"num:"<<num<<"\nname:"<<name<<"\n";
22.   }

23.   class Teacher:public Student
24.   {
25.       public:
26.       Teacher(int, string, float);       //声明构造函数
27.       void display();                    //声明输出函数
28.       private:
29.       float wage;
30.   };                                     //Teacher 类成员函数的实现
31.   void Teacher::display()                //定义输出函数
32.   {
33.       cout<<"输出教师信息:\n"<<endl;
34.       cout<<"num:"<<num<<"\nname:"<<name<<"\nwage="<<wage<<endl;
```

```
35.      }
36.      Teacher::Teacher(int n, string nam,float w):Student(n,nam),wage(w){}
                                          //构造函数
37.      int main()
38.      {
39.          Student stud1(1710,"XiaoMin");        //定义 Student 类对象 stud1
40.          Teacher teach1(1012,"LiKai",563.5);   //定义 Teacher 类对象 teach1
41.          Student * p=&stud1;                   //定义指向基类对象的指针变量 p
42.          p->display();
43.          p=&teach1;
44.          p->display();
45.          return 0;
46.      }
```

程序结果如图 8-6 所示。

程序分析：在上面的小程序中，首先定义了两个类的属性和成员函数，在主函数中，定义了一个基类对象 stud1 的指针 p，使用其调用基类的 display()函数，之后对 p 进行赋值，使其指向派生类对象 teach1，再次利用该指针调用 display()函数，从结果中可以看出，函数输出了基类对象的所有信息和派生类对象继承于基类的属性。也就是指针并没有调用 teach1 的 display()函数，如果想要输出所有的派生类信息，则需要通过对象名调用，将 p 指向 teach1.display()。或者重新将指针定义为 Teacher 类型。

```
输出学生信息：
num:1710
name:XiaoMin
输出学生信息：
num:1012
name:LiKai
请按任意键继续. . . ▄
```

图 8-6　例 8-6 的运行结果

这种做法在具有多个派生类时就显得很麻烦，不建议采用。但是如果用虚函数就能很简单地解决这个问题。在 Student 类声明 display 函数时，只需要在上面的函数最前面加一个关键字 virtual，使 void display()修改为 virtual void display()，就能实现。

【例 8-7】 举例说明虚函数实现多态性。代码如下：

```
1.      #include<iostream>
2.      #include<string>
3.      using namespace std;
4.      class Student
5.      {
6.          public:
7.          Student(int, string);            //声明构造函数
8.          virtual void display();          //声明输出函数
9.          protected:                       //受保护成员，派生类可以访问
10.         int num;
```

```cpp
11.        string name;
12.    };

13.    Student::Student(int n, string nam)              //构造函数
14.    {
15.        num=n;
16.        name=nam;
17.    }
18.    void Student::display()                          //定义输出函数
19.    {
20.        cout<<"输出学生信息:\n"<<endl;
21.        cout<<"num:"<<num<<"\nname:"<<name<<"\n";
22.    }

23.    class Teacher:public Student
24.    {
25.        public:
26.        Teacher(int, string, float);                 //声明构造函数
27.        void display();                              //声明输出函数
28.        private:
29.        float wage;
30.    };                                               //Teacher类成员函数的实现

31.    void Teacher::display()                          //定义输出函数
32.    {
33.        cout<<"输出教师信息:\n"<<endl;
34.        cout<<"num:"<<num<<"\nname:"<<name<<"\nwage="<<wage<<endl;
35.    }

36.    Teacher::Teacher(int n, string nam,float w):Student(n,nam),wage(w){}
                                                        //构造函数

37.    int main()
38.    {
39.        Student stud1(1710,"XiaoMin");               //定义 Student 类对象 stud1
40.        Teacher teach1(1012,"LiKai",563.5);          //定义 Teacher 类对象 teach1
41.        Student * p=&stud1;                          //定义指向基类对象的指针变量 p
42.        p->display();
43.        p=&teach1;
44.        p->display();
45.        return 0;
46.    }
```

程序结果如图 8-7 所示。

```
输出学生信息：

num:1710
name:XiaoMin
输出教师信息：

num:1012
name:LiKai
wage=563.5
请按任意键继续. . .
```

图 8-7　运行结果

程序分析：在运行结果中所有的教师信息都被输出了，这就是多态性的强大之处，现在用同一个指向基类对象的指针变量 p，不但输出了学生 stud1 的全部数据，而且还输出了教师 teach1 的全部数据，说明指针已经调用了 teach1 的 display 函数。在这里程序用同一种调用形式：

```
p->display()
```

而且 p 是同一个基类指针，用它来调用同一类族中不同类的虚函数，这就是 C++ 中的虚函数实现的多态性，使用同样的指令，得到不同的响应。

在基类的类定义中定义虚函数的一般形式如下：

```
virtual 函数返回值类型 虚函数名 (形参表)
{ 函数体 }
```

C++ 虚函数的使用方法如下：

（1）在基类用 virtual 声明成员函数为虚函数。

注意：非类的成员函数不能定义为虚函数，类的成员函数中静态成员函数和构造函数也不能定义为虚函数，但是可以将析构函数定义为虚函数。可以在派生类中重新定义此函数，为它赋予新的功能，并能方便地被调用。在类外定义虚函数时，不必再加 virtual。另外，如果在一个类中声明了某个成员函数为虚函数，则在该类中不能出现和这个成员函数同名并且返回值、参数个数、参数类型都相同的非虚函数。

（2）在派生类中重新定义此函数，要求函数名、函数类型、函数参数个数和类型全部与基类的虚函数相同，并根据派生类的需要重新定义函数体。

C++ 规定，当一个成员函数被声明为虚函数后，其派生类中的同名函数都自动成为虚函数。因此在派生类重新声明该虚函数时，可以加 virtual，也可以不加，但习惯上一般在每一层声明该函数时都加 virtual，使程序更加清晰。如果在派生类中没有对基类的虚函数重新定义，则派生类简单地继承其直接基类的虚函数。

（3）定义一个指向基类对象的指针变量，并使它指向同一类族中需要调用该函数的对象。

（4）通过该指针变量调用此虚函数，此时调用的就是指针变量指向的对象的同名函数。

通过虚函数与指向基类对象的指针变量的配合使用，就能方便地调用同一类族中不同类的同名函数,只要先用基类指针指向即可。如果指针不断地指向同一类族中不同类的对象,就能不断地调用这些对象中的同名函数。

　　最后再补充说明一下,虚函数是通过一张虚函数表来实现的,在此不再赘述。当使用基类的指针(或引用)调用一个虚函数时将发生动态绑定(或动态联编),这是因为直到运行时才能知道到底调用了哪个版本的虚函数,可能是基类中的版本也可能是派生类中的版本,判断的依据是指针(或引用)所绑定的对象的真实类型。与非虚函数在编译时绑定不同,虚函数是在运行时选择函数的版本,所以动态绑定也叫运行时绑定,相对的,静态绑定则是在编译时发生的。在某些情况下,人们希望对虚函数的调用不要进行动态绑定,而是强迫其执行虚函数的某个特定版本,此时可以使用作用域运算符实现这一目的。例如将例 8-7 中的语句

```
p=&teach1;
p->display();
```

修改为

```
p=&teach1;
p->Student::display();
```

则函数运行的时候就会自动调用基类的 display()函数。此时,只输出教师的编号和姓名而没有输出工资信息。

8.6　虚析构函数与抽象类

8.6.1　虚析构函数

　　在之前的学习中,已经对析构函数已经有了一定的了解,析构函数的作用是在删除对象前释放对象所占有的资源,避免内存泄露。

　　在派生类的对象从内存中撤销时,编译系统一般先调用派生类的析构函数,然后调用基类的析构函数,如果程序中用 new 运算符建立了临时对象,同时基类中有析构函数,且定义了一个指向该基类的指针变量,则在用带指针参数的 delete 运算符撤销对象时,系统就会只执行基类的析构函数,而不执行派生类的析构函数,从而发生内存泄露。在这种情况下,虚析构函数的作用就体现了出来。在使用虚析构函数时,只需在析构函数声明语句前加上关键字 virtual。下面通过一些简短的代码了解虚析构函数在程序运行时是怎么工作的。

　　【例 8-8】　不使用虚析构函数时,程序调用析构函数的情况。代码如下:

```
1.    #include<iostream>
2.    using namespace std;
3.    class Shape                              //定义基类 Shape 类
4.    {
5.        public:
6.        Shape(){}                            //Shape 类构造函数
```

```
7.        ~Shape(){cout<<"调用 Shape 析构函数"<<endl;}  //Shape 类析构函数
8.     };
9.     class Circle:public Shape                        //定义派生类 Circle 类
10.    {
11.       public:
12.       Circle(){}                                     //Circle 类构造函数
13.       ~Circle(){cout<<"调用 Circle 析构函数"<<endl;}
                                                         //Circle 类析构函数
14.       private:
15.       int radius;
16.    };
17.    int main()
18.    {
19.       Shape * p=new Circle;                          //用 new 开辟动态存储空间
20.       delete p;                                      //用 delete 释放动态存储空间
21.       return 0;
22.    }
```

程序结果如图 8-8 所示。

程序分析：在上面的是程序中，p 是指向基类的指针变量，它指向了 new 开辟的动态储存空间，在后面程序中用 delete 来释放指针 p 所指向的空间。从结果可以看出，程序只调用了基类的析构函数而没有调用派生类的析构函数。在这里想要调用派生类的析构函数，只需将基类的析构函数声明成虚析构函数，例如：

> 调用Shape析构函数
> 请按任意键继续...

图 8-8　例 8-8 的运行结果

```
virtual ~Shape(){cout<<"调用 Shape 析构函数"<<endl;}
...                    //完整代码略
```

将上面的例子稍加修改后，其运行结果如图 8-9 所示。

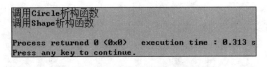

图 8-9　例 8-8 修改后运行结果

此时就可以看到，当程序中用 delete 释放内存时，程序自动调用了派生类和基类的析构函数。

注意：

（1）当基类的析构函数为虚函数时，不论指针指向的是同一类族中的哪一个类对象，系统都会采用动态关联，自动的调用相应的析构函数，对该对象所占用的空间进项释放。

（2）当基类的析构函数为虚函数时，由该基类所派生的所有派生类的析构函数也都自动成为虚函数。

（3）一般情况下，在写程序时最好将析构函数写成虚析构函数，即便基类不需要虚析构函数,也要尽量使用虚析构函数,养成良好的编程习惯,保证在系统撤销动态储存空间时不会出错,提高代码的容错率。

8.6.2 抽象类

在 C++ 中,包含纯虚函数的类称为抽象类。当程序需要使用一个只需要被继承而不需要实例化对象的类时,就可以将其声明为抽象类。抽象类的概念和之前纯虚函数的概念是一样的,只是使用的层面不一样,可以参照纯虚函数来学习抽象类。

抽象类的规定:

(1)抽象类只能作为基类,不能实例化对象。

(2)抽象类不能作为参数类型,函数返回值类型和显示转换的类型。

(3)可以定义指向抽象类的指针或引用,将其指向派生类,从而实现多态性。

【例 8-9】 抽象类的使用。代码如下:

```
1.    #include<iostream>
2.    #include<stdlib.h>
3.    using namespace std;
4.
5.    const double PI=3.14159;                        //声明常量 PI
6.
7.    class Shape                                     //抽象类
8.    {
9.        public:
10.       void setvalue(int m, int n=0){x=m;y=n;}     //声明定义赋值函数
11.       virtual ~Shape(){}                          //虚析构函数
12.       virtual void display()=0;                   //纯虚函数
13.       protected:
14.       int x,y;
15.   };
16.
17.   class Rectangle:public Shape
18.   {
19.       public:
20.       void display()
21.       {
22.           cout<<"矩形面积为:"<<x * y<<endl;
23.       }
24.   };
25.
26.   class Circle:public Shape{
27.       public:
28.       void display()
29.       {
30.           cout<<"圆面积为:"<<x * x * PI<<endl;
```

```
31.            }
32.    };
33.
34.    int main()
35.    {
36.            system("color 70");
37.            Shape * p;                              //定义基类对象指针
38.            Rectangle r1;
39.            Circle c1;
40.            p=&r1;
41.            p->setvalue(8,4);
42.            p->display();
43.            p=&c1;
44.            p->setvalue(1);
45.            p->display();
46.            return 0;
47.    }
```

程序结果如图 8-10 所示。

程序分析：在上面的例子中，声明了一个抽象类 Shape，其
中的 setvalue 函数为赋值函数，用于对后面的对象赋值使用，其
中将 y 默认为 0。display()函数为纯虚函数，在派生类中完成
定义输出对象的面积。

```
矩形面积为:32
圆面积为:3.14159
请按任意键继续. . . ▄
```

图 8-10 例 8-9 的运行结果

总之，抽象类的唯一用途是为派生类提供基类，纯虚函数的作用是作为派生类中的成员
函数的基础，并实现动态多态性。如果继承于抽象类的派生类不能实现基类中所有的纯虚
函数，那么这个派生类也就成了抽象类，这是因为它继承了基类的抽象函数，所以只要含有
纯虚函数的类就是抽象类。纯虚函数已经在抽象类中定义了这个方法的声明，其他类中只
能按照这个接口去实现。就好比有人要做一个蛋糕，那么抽象类就是一个模子，具体要什么
口味，大家可以根据自己的需求在派生类中实现，抽象类只是保证每人做出来的蛋糕都
一样。

8.7 指针与多态性

经过上面的学习，会已经发现 C++ 中的多态性主要是通过虚函数和指针（或引用）来实
现的。为什么一定要用虚函数和指针（或引用）来实现多态性呢？下面通过例 8-10 进行
说明。

【例 8-10】 用虚函数和指针（或引用）来实现多态性。代码如下：

```
1.    #include<iostream>
2.    using namespace std;
3.
4.    class Manner                                  //声明基类
```

```
5.      {
6.          public:
7.          virtual void Show()
8.          {
9.              cout<<"this is a manner"<<endl;
10.         }
11.     };
12.
13.     class Man:public Manner                        //声明派生类
14.     {
15.         public:
16.         void Show()
17.         {
18.             cout<<"this is a man"<<endl;
19.         }
20.     };
21.
22.     int main()
23.     {
24.         Manner A;
25.         Man B;
26.         A=B;                                        //通过运算符将 B 赋值给 A
27.         A.Show();
28.         Manner * p;                                 //定义基类指针 p
29.         p=&A;                                       //让指针 p 指向 A
30.         p->Show();
31.         p=&B;                                       //让指针 p 指向 B
32.         p->Show();
33.         return 0;
34.     }
```

程序结果如图 8-11 所示。

```
this is a manner
this is a manner
this is a man
请按任意键继续. . .
```

图 8-11　例 8-10 的运行结果

程序分析：从上面的结果可以看出，语句

```
A=B;
```

并没有起到作用，因为虚函数的类都有一张虚函数表，而默认的赋值运算符并不能操作虚函数表，感兴趣的读者可以课后查阅资料进一步了解。而后面程序中用指针进行操作，定义基类的指针分别调用基类和派生类的函数。实现了多态的功能。

总的来说,要实现多态性主要有两种办法:

(1) 用基类指针和虚函数实现;

(2) 用基类的引用和虚函数来实现。

本 章 小 结

(1) 利用多态性技术,可以调用同一个函数名的函数,实现完全不同的功能。

(2) 重载的本质是多个函数共用一个函数名,运算符的重载可以使同一个运算符实现多种不同的功能。

(3) 虚函数允许在派生类中重新定义与基类同名的函数,并且可以通过基类指针或引用来访问基类和派生类中的同名函数。

(4) 指针(引用)也可以实现多态性。

习 题 8

1. 设计一个基类 Base 为抽象类,其中包含 setTitle 和 printTitle 两个成员函数。

另有一个纯虚函数 isGood。由该类派生出图书类 Book 和杂志类 Journal,分别实现纯虚函数 isGood。对于前者,如果每月图书销售量超过 500,则返回 true,显示销售良好或者销售一般;对于后者,如果每月杂志销售量超过 2500,则返回 true,显示同上。

2. 现有一个交通工具类 Vehicle,将它作为基类派生出 Car 类、Truck 类、Boat 类。定义这些类使其具有名称属性,并设置一个虚函数来显示各类对象的信息。

3. 定义一个 shape 抽象类,派生出 Rectangle 类和 Circle 类,计算各派生类对象的面积 Area。

4. 现有学生类 student,其包含姓名和 3 门课的成绩,请通过重载运算符(＋)将所有的学生成绩相加,在对其求平均分。

5. 定义一个 abstractcls 基类,其含有 speed、total 两个属性,并定义了纯虚函数 showmember。然后新增一个派生类 car,添加属性 aird、完成 showmember 的定义。并在主函数中进行验证。

6. 定义动物 Animal 类,由其派生出猫类(Cat)和狗类(Dog),二者都包含虚函数 sound(),要求根据派生类对象的不同调用各自重载后的成员函数。

7. 某学校对教师每月工资的计算公式如下:固定工资＋课时补贴。教授的固定工资为 5000 元,每个课时补贴 50 元;副教授的固定工资为 3000 元,每个课时补贴 30 元;讲师的固定工资为 2000 元,每个课时补贴 20 元。定义教师抽象类,派生不同职称的教师类,编写程序求若干教师的月工资。

8. 定义 Point 类,有数据成员 X 和 Y,重载＋＋和－－运算符,要求同时重载前置方式和后置方式。并在主函数中验证。

第9章 流类库与输入输出

9.1 简 介

1. C++ I/O 与 C 语言的对比和发展

在 C 语言中,用 printf 和 scanf 函数进行输入输出(I/O)操作,但是很多情况下不能保证进行的 I/O 操作是安全、可靠的。例如,在 C 语言中,分别用格式符%d 和%f 输出整数和单精度浮点数。但是格式符和输出数据类型不匹配,会产生什么样的情况?

```
1.    printf("%d", 1);
2.    printf("%d", 1.1);
3.    printf("%d", "C++");
```

上述 C 语言代码编译系统会认为是合法的,而不会对数据类型进行检查,显而易见得到的结果不是正确的输出。在低版本的 IDE 中,显然会忽略这个错误,当在 Visual Studio 2015 下运行上述代码,查看错误列表时会看到有两个警告错误,提示数据类型不匹配,如图 9-1 所示。

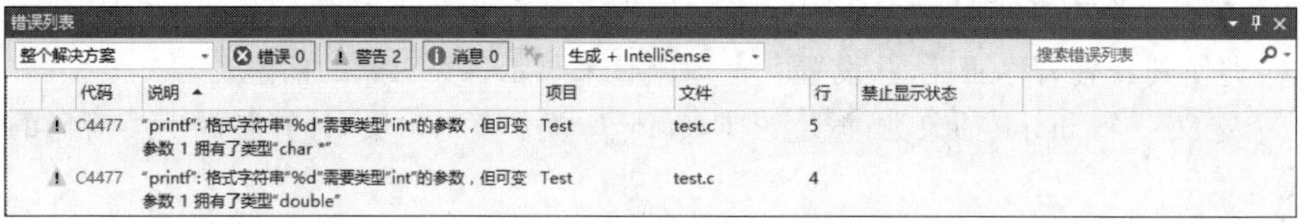

图 9-1 报错信息图

C++ 在设计之初,为了能兼容 C 语言,一边过去编写的 C 语言程序能在 C++ 环境中运行,保留了 printf 和 scanf 进行 I/O(输入输出)操作。所以 C++ 提供了一套类型安全的 I/O 操作,在进行 I/O 操作时,编译系统会对数据类型进行严格检查,只是类型不正确的数据都不可能通过编译。而且 printf 和 scanf 只能输入和输出 char、int、float、double 等标准类型的数据,无法输出自己定义的数据类型。所以 C++ 提供了一套面向对象的 I/O 操作,用户可以直接输入和输出自己定义的新类的对象。并且 C++ 的 I/O 操作有一个重要的特征——可扩展性,C++ 的类机制使得 C++ 有一套可扩展的 I/O 系统,可以同修改和扩充后,输入和输出用户自己声明的类的对象。例如前面章节对运算符">>"和"<<"的重载就是扩展性的体现。

提示:尽管 C++ 程序可以使用 C 风格的输入输出,但是在 C++ 程序中,最好使用 C++ 风格的输入输出。

2. 流

C++ 的输入输出是以一连串的字节流方式进行的。在输入操作中,数据从键盘、磁盘驱动器、网络连接等设备流向内存。在输出操作中,数据从内存流向显示屏、打印机、磁盘驱动器、网络连接等设备，可以组成字符、原始数据、图形图像、数字语音、数字视频或者应用程序所需要的其他信息。

3. iostream 库的头文件

C++ 的 iostream 库提供了很多种的 I/O 功能，其中如下几个头文件包含了部分库接口。

（1）iostream 绝大多数 C++ 程序包含该头文件，声明了所有 I/O 流操作所需的基础服务。定义了 cin、cout、cerr 和 clog 对象，分别用于标准输入流、标准输出流、无缓冲的标准错误流和有缓冲的标准错误流。

（2）iomanip 声明了 setprecision 和 setw 等参数化流操作符，用于格式化 I/O 操作。

（3）fstream 声明了文件处理服务，用对文件进行 I/O 操作。

（4）strstream 用于字符串流的 I/O 操作。

（5）stdiostream 用于混合使用 C 和 C++ 的 I/O 机制时使用。

4. 输入输出流的类

iostream 提供了许多模板来处理一般的 I/O 操作。例如，类模板 basic_istream 支持输入流操作，basic_ostream 支持输出流操作，basic_iostream 支持输入和输出流操作。并且 iostream 库提供了一组 typedef 为这些类模板提供别名。利用 typedef 程序员可以创建更加简短和可读的类型名称。例如，iostream 库提供的 typedef 的 istream 代表了 basic_istream 允许 char 字符输入的类模板，同样的，typedef 的 ostream 代表了 basic_ostream 允许 char 字符输出的类模板，typedef 的 iostream 代表 basic_iostream 允许 char 字符输入和输出的类模板，本章节将使用这些 typedef。iostream 库中包含了许多用于输入和输出的类，常用的输入输出流如表 9-1 所示。

表 9-1　常用的输入输出流

类　　名	作　　用	头　文　件
ios	抽象基类	iostream
istream	通用输入流和其他输入流的基类	iostream
ostream	通用输出流和其他输出流的基类	iostream
iostream	通用输入输出流和其他输入输出流的基类	iostream
ifstream	输入文件流类	fstream
ofstream	输出文件流类	fstream
fstream	输入输出文件流类	fstream
istrstream	输入字符串流类	strstream
ostrstream	输出字符串流类	strstream
strstream	输入输出字符串流类	strstream

I/O 流层次和主要文件处理的 I/O 流层次分别如图 9-2 和图 9-3 所示。

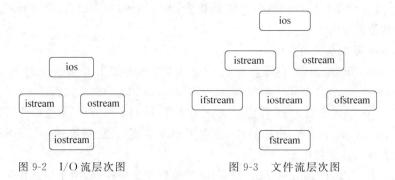

图 9-2 I/O流层次图   图 9-3 文件流层次图

从图9-3可以清晰地看到这些类之间的关系。在I/O流层次中,ios是抽象基类,由它派生出istream类和ostream类,iostream类是从istream类和ostream类通过多重继承和派生得到。istream类支持输入操作,ostream类支持输出操作,iostream类支持输入和输出操作。

在主要文件处理的I/O流层次中,在I/O流层的基础上,类ifstream继承了类istream,类ofstream继承了类ostream,类fstream继承了类iostream。ifstream类支持对文件的输入操作,ofstream类支持对文件的输出操作,fstream类支持对文件的输入和输出操作。

本节就主要介绍这些类,iostream库中还要一些其他类,但是对于初学者,以上这些已经足够满足学习使用。如果想要深入地了解其他类的使用,请参考C++的类库手册。

5. 重载运算符

运算符的重载为输入输出提供了更加方便的符号。"<<"和">>"本来是C++定义的左移运算符和右移运算符。在iostream中,左移运算符(<<)被重载用于实现流的输出,称为流插入运算符,右移运算符(>>)被重载实现流的输入,称为流提取运算符。这两个运算符通常与标准流对象cin、cout、cerr和clog,以及用户定义的流对象一起使用。

9.2 输 出 流

ostream提供了格式化和非格式化的输出功能。其中包括使用流插入运算符(<<)进行标准数据类型的输出;使用成员函数put进行字符输出;使用成员函数write进行非格式化的输出;以及使用流操作符进行格式化的输出。

1. cout、cerr 和 clog 流

预定义对象cout是一个ostream实例,并且"被连接到"标准输出设备,一般是显示器。cout的输出是有缓冲的,cout流的数据是使用流插入运算符(<<)顺序插入的,例如下面语句:

```
cout <<value;                                    //value 是一个已经声明的变量
```

这里value的数据类型(假设已经正确声明)由编译器来确定并且选择合适的重载的流插入运算符,所以流插入运算符是不需要附加数据类型的。例如:

```
cout <<"C++" <<2017 <<f <<'a';
```

上述代码运行过程中,编译系统会先处理 cout ＜＜"C++",由于"C++"是字符串类型,2017 是整型,f 是单精度浮点类型,'a'是字符类型,输出过程中,会调用相应数据类型的对运算符"＜＜"的重载函数来输出,但是这里的函数重载在头文件中已经重载了,所以这里直接输出就可以。但是如果用 cout 流输出自己定义的类时,就得首先重载运算符(＜＜)。

预定义对象 cerr 是一个 ostream 实例,并且"被连接到"标准输出设备。对象 cerr 是无缓冲流的,也就时每个针对 cerr 的流插入的输出必须立刻显示。而且 cout 的输出可以被重新定向到文件、磁盘等,cerr 的输出必须显示在显示器上。所以 cerr 对于提示用户程序运行发生了错误非常合适。

预定义对象 clog 是一个 ostream 实例,并且"被连接到"标准输出设备。clog 的输出是有缓冲的,也就是每个针对 clog 的流插入的输出将保存在缓冲区中,直到缓冲区被充满或者清除时才会输出。

2. 使用成员函数 put 输出字符

在程序中一般使用 cout 和流插入运算符(＜＜)实现输出。如果只输出单个的字符,还可以使用成员函数 put 输出字符。例如:

```
cout.put('a');
```

显示字符'a',put 也可级联使用。例如:

```
cout.put('A').put('a').put('\n');
```

输出一个字符'A',接着在输出一个字符'a',接着在输出一个换行符。这行语句就像使用"＜＜"一样的方式执行,因为点运算符(.)是从左向右执行。put 函数也可以传入一个代表 ASCII 值得数字作为参数,例如:

```
cout.put(97);
```

其中,97 为 ASCII 值,它对应的字符为'a',所以输出结果也是字符'a'。

9.3 输 入 流

前面一节讨论了输出流,现在来考虑输入流。istream 提供了格式化和非格式化的输入功能。

1. cin 流

iostream 头文件中一共定义了 cin、cout、cerr 和 clog 4 个流对象,其中 cin 是输入流,cout、cerr 和 clog 是输出流。cin 从标准输入设备(一般是键盘)获取数据,利用流提取运算符(＜＜)从流中提取数据,流提取运算符通常跳过输入流中的空白字符(例如空格,制表符和换行符)。注意,在通过键盘输入完数据后,只有按下 Enter 键,输入的数据才会被送入键盘缓冲区形成输入流,流提取运算符才能从流中获取数据。输入数据时得保证从流中提取的数据能够正常运行。

```
int a, b;
cin >> a >> b;
```

如果从键盘上输入：

```
11 C++
```

则进行上述输入操作时,变量 a 从输入流中提取到整数 11,遇到空格后第一个整数结束,提取成功,cin 流处于正常状态。当变量 b 从输入流中准备提取一个整数时,遇到了字符 'C ',与变量 b 的类型不匹配,提取操作失败,cin 流被置为错误状态。只有 cin 处于正常状态时,才可以从输入流中提取数据。当遇到无效字符或者文件结束符(数据读取结束)时,cin 流就会处于错误状态,此时将无法正确地提取数据,所有的 cin 流的流提取操作将会被终止。

注意：在软件开发中应该考虑当用户输入不匹配信息后的处理,保证程序正确运行并且提示用户进行正确输入。

可以通过下面方法判断 cin 流是否出错：

```
if (!cin) {
    cerr << "error";
}
```

通过判断 cin 流的值可以确定 cin 流是否出错。如果 cin 流处于正确状态,那么 cin 的值为真,为一个非 0 值;反之,如果 cin 流处于错误状态,那么 cin 的值为假,即 cin 的值为 0。

【例 9-1】 循环输入考试成绩,并对成绩进行分级,90～100 分为 A,75～89 分为 B,60～74 分之间为 C,60 分以下为 D。要求判断 cin 的状态。

```
1.    #include<iostream>
2.    using namespace std;
3.    int main() {
4.       float grade;
5.       cout << "enter grade :" ;
6.       while (cin >> grade) {
7.          if (grade >= 90) {
8.             cout << grade << " is A." << endl;
9.          } else if (grade >= 75) {
10.            cout << grade << " is B." << endl;
11.         } else if (grade >= 60) {
12.            cout << grade << " is C." << endl;
13.         } else {
14.            cout << grade << " is D." << endl;
15.         }
16.         cout << "enter grade :";
17.      }
18.      cout << "End of program.";
19.      system("pause");
20.   }
```

运行结果如图 9-4 所示。

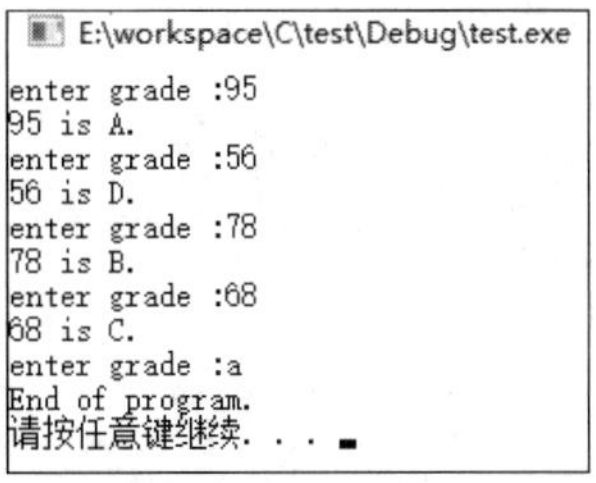

程序分析：首先判断 cin 流是否正确，如果正确读入数据，赋值给变量 grade，然后进行等级判断。如果 cin 流处于错误状态，则输出"End of program"后结束程序。

2. get 和 getline 成员函数

（1）get 函数。流成员函数 get 一共有 3 个版本：无参数的、有一个参数的和有 3 个参数的。

① 没有参数的成员函数 get 从指定的流输入一个字符（包括空白字符），并将读入的字符作为函数调用的返回值返回，使用这个版本的 get 函数遇到输入流中的文件结束符，则函数返回 EOF 的值。

图 9-4　程序运行结果图

【例 9-2】　使用 get 函数循环读入输入的字符，并用 put 函数输出。

```
1.    #include<iostream>
2.    using namespace std;
3.    int main() {
4.        int character;
5.        cout <<"Enter a stentence followed by end-of-file:" <<endl;
6.        while ((character=cin.get()) !=EOF) {
7.            cout.put(character);
8.        }
9.        system("pause");
10.   }
```

运行结果如图 9-5 所示。

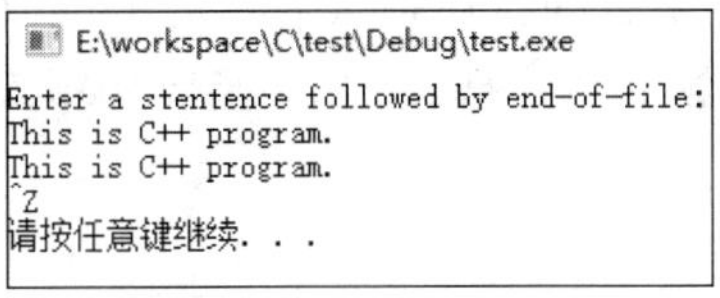

图 9-5　程序运行结果图

程序分析：从键盘输入一行字符，用 cin.get() 逐个的读入字符赋值给变量 character。如果 character 的值不等于 EOF，即读入一个有效字符，然后使用 put 函数输出该字符。

```
cin.get(char)
```

② 带有一个参数的成员函数 get 从输入流中读取一个变量赋值给字符变量 char。读取成功则函数返回非 0 值（真），否则返回 0 值（假）。

③ 带有 3 个参数的成员函数 get 有 3 个参数：一个字符数组，一个数组长度的限制，一个分隔符（默认值为""）。它可以读取"数组的最大长度－1"个字符后终止。

下面的程序对比了使用流提取运算符"<<"和 cin 进行输入（读取字符直到遇到空白字符）和 cin.get() 函数进行输入的不同之处。

【例 9-3】 对比使用流提取运算符"＜＜"和 cin 进行输入（读取字符直到遇到空白字符）和 cin.get()函数进行输入的不同之处。

```
1.     #include<iostream>
2.     using namespace std;
3.     int main() {
4.         const int SIZE=100;
5.         char buffer1[SIZE];
6.         char buffer2[SIZE];
7.         cout <<"Enter a sentence:" <<endl;
8.         cin >>buffer1;
9.         cin.get(buffer2, SIZE);
10.        cout <<"The string read with cin:" <<endl <<buffer1 <<endl;
11.        cout <<"The string read with cin.get:" <<endl <<buffer2 <<endl;
12.        system("pause");
13.    }
```

运行结果如图 9-6 所示。

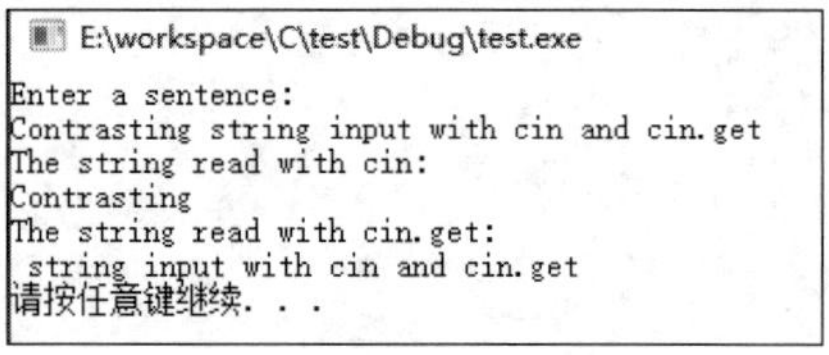

图 9-6　程序运行结果

（2）getline 函数。getline 函数的作用是从输入流中读取一行字符，其用法与带 3 个参数的 get 函数类似。与 get 函数不同的是，getline 函数从输入流中提确分隔符，但仍没有把它储存到结果缓冲区里。

3. istream 的其他成员函数

除了上面介绍的成员函数以外，istream 类还有其他几个常用的成员函数。

4. eof 函数

eof 是 end of file 的缩写，表示"文件结束"。从输入流读取数据，如果到达文件末尾（遇文件结束符），eof 函数值为非零值（真），否则为 0（假）。

5. peek 函数

peek 函数的作用是观测下一个字符。其调用形式如下：

```
c=cin.peek();
```

成员函数 peek 将会返回输入流中的下一个字符，但不会将该字符从流中去除。

6. putback 函数

putback 函数的调用形式如下：

```
cin.putback(ch);
```

putback 函数的作用是将前面用 get 或 getline 函数从输入流中读取的字符 ch 返回到输入流,插入到当前指针位置,以供后面读取。

7. ignore 函数

ignore 函数调用形式如下:

```
cin.ignore(n,分隔符);
```

成员函数 ignore 读取并丢弃一定数量的字符(默认为一个),或者遇到指定的分隔符时停止(默认分隔符为 EOF)。

9.4 非格式化的 I/O 操作

非格式化的输入输出分别使用了 istream 和 ostream 的成员函数 read 和 write。read 函数将数据读入字符数组中,反之,write 函数从字符数组中输出数据。这些以字节为单位的数据没有进行任何处理就直接进行输入输出。

当用 cout 和"＜＜"进行输出操作的时候,任何一个空字符都会导致输出中止,但是使用 write 函数就可以避免。例如:

```
char ch[]="This is C++ program";
cout.write(ch, 11);
```

上述的代码片段的输出结果如下:

```
This is C++
```

下面程序演示了 read 和 write 函数的具体用法。

【例 9-4】 使用 read 函数读入指定字符数的字符串,并用 write 函数输出。

```
1.    #include<iostream>
2.    using namespace std;
3.    int main()
4.    {
5.        const int SIZE=100;
6.        char ch[SIZE];
7.        cout <<"Enter a sentence:" <<endl;
8.        cin.read(ch, 30);
9.        cout <<endl <<"The sentence entered was:" <<endl;
10.       cout.write(ch, cin.gcount());
11.       cout <<endl;
12.       system("pause");
13.   }
```

运行结果如图 9-7 所示。

程序分析：首先输入一个句子，将该句中的前 30 个字符读入到 ch 数组中，完后再将读入的字符输出。其中 cin . gcount()函数返回最近一次输入操作所读取的字符数。该程序中，最后一次读入操作读入了 30 个字符，所以 cin. gcount()的值为 30。

```
Enter a sentence:
Using the read and write functions.

The sentence entered was:
Using the read and write funct
请按任意键继续. . .
```

图 9-7　程序运行结果

9.5　流操纵符

C++ 提供了多种流操纵符用来完成格式化的任务。具体的流操纵符有以下几种。

1. 整数的基数

整数一般为十进制（基数是 10），为了能够改变流中整数的基数，可以使用表 9-2 中的操纵符。

表 9-2　进制操纵符

操　纵　符	作　　　用
dec	设置整数的基数为 10
oct	设置整数的基数为 8
hex	设置整数的基数为 16
setbase(n)	设置整数的基数为 n（n 只能是 8,10,16 中的一个）

【例 9-5】　演示使用 dec,oct 和 hex 进行十进制，八进制和十六进制的整数基数输出。

```
1.    #include<iostream>
2.    #include<iomanip>
3.    using namespace std;
4.    int main()
5.    {
6.        int num;
7.        cout <<"Enter a decimal number:" <<endl;
8.        cin >>num;
9.        cout <<"decimal:" <<dec <<num <<endl;
10.       cout <<"octal:" <<oct <<num <<endl;
11.       cout <<"hexadecimal:" <<hex <<num <<endl;
12.       system("pause");
13.    }
```

运行结果如图 9-8 所示。

```
Enter a decimal number:
25
decimal:25
octal:31
hexadecimal: 19
请按任意键继续. . .
```

图 9-8　程序运行结果

2. 浮点精度

浮点精度操纵符如表 9-3 所示。

表 9-3　浮点精度操纵符

操 纵 符	作 用
setprecision(n)	设置实数数的精度为 n（在十进制的情况下，表示有 n 位有效数字）

【例 9-6】　使用 setperecision(n) 控制输出浮点数的精度。

```
1.    #include<iostream>
2.    #include<iomanip>
3.    #include<cmath>
4.    using namespace std;
5.    int main()
6.    {
7.        double root=sqrt(3.0);
8.        for (int n=1; n<=9; n++) {
9.            cout <<setprecision(n) <<root <<endl;
10.       }
11.       system("pause");
12.   }
```

运行结果如图 9-9 所示。

```
2
1.7
1.73
1.732
1.7321
1.73205
1.732051
1.7320508
1.73205081
请按任意键继续. . .
```

图 9-9　程序运行结果

3. 设置域宽

域宽操纵符如表 9-4 所示。

表 9-4　域宽操纵符说明

操 纵 符	作 用
setw(n)	设置字段宽度为 n 位

4. 其他流操纵符

其他的流操纵符如表 9-5 所示。

表 9-5　流操纵符说明

操 纵 符	作 用
skipws	跳过输入流中的空白字符，使用 noskipws 可以重置

操　纵　符	作　　用
left	域的输出左对齐
right	域的输出右对齐
boolalpha	指定 bool 类型的值以 true(false)的形式显示
showpoint	指明浮点数必须显示小数,全部为 0 也要显示

注意:流操纵符会改变流的状态,输出后得重置回来,例如使用了 oct 后,以后所有的整数输出都为八进制。

9.6　文件操作

存储在内存中的数据是临时的,利用文件(file)可以使数据持久化存储,即永久地保存数据。计算机将文件存储在辅助存储设备中,例如硬盘、光盘、磁带等可存储设备。本章节将讲述怎么利用 C++ 编写程序对文件进行相关的操作。

1. 文件和文件流

在 C++ 中输入和输出都是由类对象来实现的,在前面的章节一直使用的 iostream 标准库提供了 cin 及 cout 方法,分别用于标准输入以及标准输出。其中 cin 和 cout 就是类对象。所以用 C++ 进行文件操作时,不能用类似 C 语言的方法进行操作。但是 cin 和 cout 只是标准输入输出,不能处理文件,所以定义了全新的文件流。这就是文件流的由来。

在 C++ 的标准库中定义了文件类,对文件进行操作,如表 9-6 所示。

表 9-6　文件流说明

类	作　　用
ifstream	由 istream 类派生,支持文件的输入
ofstream	由 fstream 类派生,支持文件的输出
fstream	由 iostream 类派生,支持文件的输入和输出

当以磁盘文件为对象进行输入和输出操作时,必须先定义一个文件流对象,通过文件流对象来进行文件的输入和输出进行操作。这里的文件可以分为文本文件和二进制文件两种。文本文件保存的是可读的字符,二进制文件保存的是二进制数据。利用二进制模式,可以操作图像等文件。用文本模式,只能读写文本文件,否则会报错。

2. 写文件

写文件可以分为以下几个步骤:

(1) 声明一个 ofstream 变量。

(2) 调用类的成员方法 open,使其与一个文件关联。

(3) 文件的写操作。

(4) 调用 close 方法关闭文件。

例如下面程序:

【例 9-7】 使用文件流打开一个名为 file.txt 的文件(没有的话就创建),并向其中输入 Hello World,然后关闭文件流。

```
1.    #include using namespace std;
2.    int main()
3.    {ofstream outFile; outFile.open("file.txt", ios::out);
          //ios::out 是文件 file.txt 的打开模式:打开一个 file.txt 文件作为输出文件
4.    outFile <<"HelloWorld!";
5.    outFile.close();        //关闭文件流
6.    }
...
```

程序分析:首先创建了一个输出文件流对象 outFile,完后调用 open 函数打开文件 file.txt,文件的打开模式 ios::out,这个模式是默认模式,打开一个文件作为输出文件,若文件不存在,就创建该文件。完后向文件输出字符串,最后关闭文件。

输入上面代码后按 F5 键运行,就可将字符串"HelloWorld!"输出到了文件 file.txt 中。此时,选中右击项目名称,从弹出的快捷菜单中选择"在文件资源管理器中打开文件夹",如图 9-10 所示。

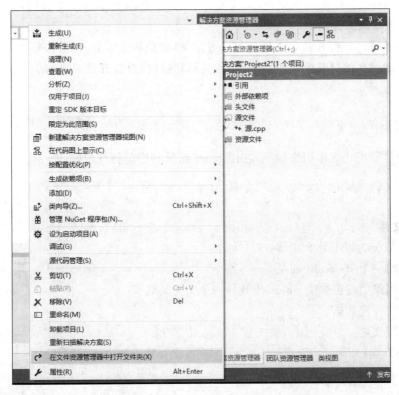

图 9-10　创建一个输出文件流对象 outFile

此时就可发现,在该项目的根目录下多了一个名为 file.txt 的文件,打开后就是通过程序输入的"Hello World!",如图 9-11 所示。

图 9-11 打开 file.txt 文件

也可以用成员函数 put 输出单个的字：

```
outFile.put('c');
```

文件流中，可以通过类的方法 open( )来设置文件的打开模式。文件的打开模式有如下
6 种。

- ios::in：打开一个文件作为输入文件。
- ios::out：打开一个文件作为输出文件。
- ios::app：将所有的输出数据添加到文件结尾。
- ios::ate：打开一个文件作为输出文件，文件指针移动到末尾。
- ios::trunc：打开一个文件，如果文件已存在，删除其中的全部数据，如果文件不存
  在，创建该文件。
- ios::binary：打开一个文件进行二进制（也就是非文本方式）输入输出。

对于上面的文件打开模式，可以使用位或运算符(|)对打开模式进行组合。
例如：

```
ios::in|ios::binary                                    //以二进制的方式打开一个输入文件
```

上面的打开模式具体用法如下，在用 open 函数时控制打开模式：

```
inputFile.open("file.txt", ios::in);
```

3. 读文件

具体可以分为以下几个步骤：

(1) 声明一个 ifstream 变量。

(2) 调用类的成员方法 open，使其与一个文件关联。

(3) 从文件读数据。

(4) 关闭文件。

【例 9-8】 打开例 9-7 创建的 file.txt 文本，读取其中的内容并输出。

```
1.    #include<iostream>
2.    #include<fstream>
3.    using namespace std;
4.    int main()
5.    {
```

```
6.        char buffer[100];
7.        ifstream inputFile;
8.        inputFile.open("file.txt", ios::in);
9.        inputFile >>buffer;
10.       cout <<buffer;
11.       inputFile.close();
12.       system("pause");
13.   }
```

运行结果如图 9-12 所示。

程序分析：创建一个 ifstream 对象，打开上一节创建的 file
.txt 文件，将其中内容读取到 buffer 数组并输出，然后关闭文件。
同样的，可以使用 get 和 getline 成员函数来读取文件。

```
HelloWorld!
请按任意键继续. . .
```

图 9-12　程序运行结果图

```
intputFile.get(char);
intputFile.get(char *, int);
intputFile.getline(char *, int sz);
intputFile.getline(char *, int sz, char eol);
```

前面所讲的 ofstream 和 ifstream 只能进行读或是写，而 fstream 则同时提供读写的功能。

4. 文件指针相关的流成员函数

文件流与文件位置标记有关的成员函数如表 9-7 所示。

表 9-7　文件流与文件位置标记相关函数

成　员　函　数	作　　　用
gcount()	返回最后一次输入所读入的节数
tellg()	返回输入文件指针的当前位置
seekg(文件中的位置)	将输入文件中指针移到指定的位置
seekg(位移量,参照位置)	以参照位置为基础移动若干字节
tellp()	返回输出文件指针当前的位置
seekp(文件中的位置)	将输出文件中指针移动指定的位置
seekp(位移量,参照位置)	以参照位置为基础移动若干字节

其中参照位置的取值如下。
- ios::beg：文件开头；
- ios::end：文件末尾；
- ios::cur：当前位置。

例如：

```
file.seekg(10);              //输入文件定位指针移动到 100B 位置
file.seekp(-50, ios::beg);   //输出文件中文件定位指针从文件尾向文件头方向移动 50B
```

5. 常用的错误判断方法

常用的错误判断方法如下。

- good()：如果文件打开成功。
- bad()：打开文件时发生错误。
- eof()：到达文件尾。

【例 9-9】 同样打开前面两个例子中的 file.txt 文件，使用 good()、bad() 和 eof() 函数进行错误判断。

```
1.    #include<iostream>
2.    #include<fstream>
3.    using namespace std;
4.    int main()
5.    {
6.        char ch;
7.        ifstream file;
8.        file.open("file.txt", ios::in | ios::out);
9.        if (file.good()) {
10.           cout <<"The file has been opened without problems" <<endl;
11.           }
12.       else {
13.           cout <<"An Error has happend on opening the file" <<endl;
14.           }
15.       while (!file.eof()) {
16.           file >>ch;
17.           cout <<ch;
18.       }
19.       cout <<endl;

20.       file.close();

21.       system("pause");
22.   }
```

运行结果如图 9-13 所示。

```
The file has been opened without problems
HelloWorld!
请按任意键继续. . .
```

图 9-13 程序运行结果图

程序分析：首先，定义了一个 ifstream 类的对象，然后打开前面创建的 file.txt 文本，用 good 函数的返回值判断是否正确打开文件，用 while 循环输出文件内容，直到遇见文件结束符时停止。

本 章 小 结

本章介绍了如何使用 C++ 的输入输出流进行相关输入输出操作以及 C++ 与输入输出流相关的类库。首先介绍了 C++ I/O 操作和 C 语言的区别，iostream 头文件和输出输出流相关的类。然后是如何使用标准流 cout、cerr、clog 和 cin，以及使用相关的成员函数 put、get、getline、eof、peek、putback 和 ignore 等成员函数。如何使用 write 和 read 函数进行非格式化的 I/O 操作。以及 C++ 利用流操纵符来进行格式化(例如使用 dec、oct、hex 等进行整数基数的控制等各种流操纵符)。最后介绍了 C++ 如何进行文件操作，由于 cin 和 cout 只是标准流，不能处理文件。所以 C++ 定义了全新的文件流来进行文件操作。

习 题 9

一、选择题

1. 要进行文件的输出，除了包含头文件 iostream 外，还要包含头文件(　　)。

    A. ifstream   B. fstream   C. ostream   D. cstdio

2. 执行以下程序：

```
char * str;
cin>>str;
cout<<str;
```

若输入

```
abcd 1234↙
```

则输出(　　)。

    A. abcd   B. abcd 1234

    C. 1234   D. 输出乱码或出错

3. 执行下列程序：

```
char a[200];
cin.getline(a,200,' ');
cout<<a;
```

若输入

```
abcd 1234↙
```

则输出(　　)。

    A. abcd   B. abcd 1234

    C. 1234   D. 输出乱码或出错

4. 以下程序执行结果( )。

```
cout.fill('#');
cout.width(10);
cout<<setiosflags(ios::left)<<123.456;
```

    A. 123.456＃＃＃   B. 123.4560000

    C. ＃＃＃＃123.456   D. 123.456

5. 当使用 ifstream 定义一个文件流，并将一个打开文件的文件与之连接，文件默认的打开方式为( )。

    A. ios::in   B. ios::out   C. ios::trunc   D. ios::binary

6. 从一个文件中读一个字节存于 char c；正确的语句为(B)。

    A. file.read(reinterpret_cast<const char *>(&c), sizeof(c));

    B. file.read(reinterpret_cast<char *>(&c), sizeof(c));

    C. file.read((const char *)(&c), sizeof(c));

    D. file.read((char *)c, sizeof(c));

二、编程题

1. 编写一程序，输出 ASCII 码值为 20～127 的字符表，格式为每行 10 个。

2. 编写一程序，将两个文件合并成一个文件。

3. 编写一程序，统计一篇英文文章中单词的个数与行数。

第 10 章　异 常 处 理

【本章内容】

- 理解并熟练运用异常处理机制；
- 异常处理基本语法框架；
- 异常处理实例运用。

10.1　异 常 概 述

异常是导致程序中断运行的一种指令流。如果不对异常进行正确的处理，则可能导致程序的中断执行，造成不必要的损失，所以在程序的设计中必须要考虑各种异常的发生，正确做好相应的处理，这样才能保证程序的正常执行。

一个优秀的软件应该具有很强的容错能力，不能因为出现一些错误就造成程序不能运行，甚至影响整个系统的安全。C++ 语言提供异常处理机制，使得当某个函数出现异常时，能够将控制权交给调用它的函数进行处理。异常处理的主要任务是力争给用户提供机会，以排除环境错误，继续运行程序或者使程序给出恰当的提示。

异常处理是一种灵活并且精巧的工具。它克服了 C 语言传统错误处理的缺点，能够用来解决一系列运行期错误，但是异常处理也像其他语言特性一样，很容易被误用。为了能够有效地使用这一特性，理解运行的机制以及了解相关的性能花费是非常重要的。本章将通过具体的例子讲解异常处理的使用方法。

10.2　异常处理的基本语法

在前面的小节中，已经向用户介绍了使用异常处理机制的必要性。所以在本小节中，将向用户讲解一下 C++ 异常处理方面的基本语法，用户可以更加深入地理解异常处理方面的知识。

异常处理结构体如下：

```
try 语句块语法：
try{
//正常逻辑
}
catch(异常信息类型[变量名]){
//异常处理
}
throw 表达式；                        //表达式的类型就是抛出的异常类型
```

当捕捉的异常被相应的程序段处理后，系统将继续执行捕捉函数的其余部分。从产生异常的函数直到捕捉异常的函数，这之间所有的函数将从函数中调用栈中删除。

一个异常处理的过程可以表示为

```
void fun()
{
    int i;
    double f;
    char c;
    ...                                   //程序的其他部分
    try                                   //预期可能出现异常的地方
    {
        throw i;                          //如果出现问题1,抛出一个整数
        throw f;                          //如果出现问题2,抛出一个双精度数
        throw c;                          //如果出现问题3,抛出一个字符
    }
    catch(int ii){//相应处理
    }
    catch(double ff){//相应处理
    }
    catch(char cc){//相应处理
    }
    ...                                   //程序的其他部分
}
```

尽管这里抛出和捕获的都是基本类型数据,但是在实际编程中更普遍的是抛出和捕获相关异常类的对象。通过下面的具体例子,可以体会一下简单异常处理的使用方法。

【例 10-1】 异常处理语句的应用实例,对除法中分母为 0 的情况进行异常处理。代码如下:

```
1.   #include<iostream>
2.   int main(){
3.       int y=0;          /* y 表示分母值,此处有意让 y=0,实际上,y 的值是来自 cin>>
                              语句或子函数 */
4.       try{
5.           if(y==0)      //如果分母为 0
6.           throw(y);     //扔掉它,送给 catch 处理
7.           cout<<3/y;    //分母不为 0,就算这道题
8.       }
9.       catch(int x){     /* throw 语句的入口之一,由于 y 为 int 类型,符合这个 catch
                              的捕捉条件 */
10.          cout<<"分母为 0,无法继续下去";
11.      }
12.      catch(float x){   //throw 语句的入口之一,捕获 float 类型的异常
13.          cout<<"分母为 0,无法继续下去";
14.      }
15.  }
```

运行结果：

分母为 0,无法继续下去

程序分析：

本实例使用了 try…throw…catch 语句。

由于 y 是 int 型,所以被第一个 catch 处理。

catch(float x) 捕获处理 float 类型的异常,本题中不存在 float 类型异常,所以并没有执行到此模块。

如果没有合适的 catch,则程序不得不终止。

【例 10-2】 在子函数中使用 throw 语句的应用实例。代码如下：

```
1.      #include<iostream>
2.      int main()
3.      {   int excep();              //子函数声明
4.          int x;
5.          try{                      //用 try 监控 throw 语句
6.              x=excep();            //通过子函数抛出异常。若无异常,返回正常值给 x
7.              cout<<3/x;            //分母不为 0,就算这道题
8.          }
9.          catch(int x){             //由于 x 为 int 类型,符合这个 catch 的捕捉条件
10.             cout<<"分母为 0,无法继续下去";
11.         }
12.     }
13.     int excep(){                  //子函数 excep()
14.         int y=0;                  //有意让 y=0,实际上,y 的值是来自 cin>>语句或子函数
15.         if(y==0)
16.         throw(y);                 //抛出异常,并带回主程序
17.         cout<<"子函数返回";
18.         return y;                 //没有异常时,返回 y
19.     }
```

运行结果如下：

分母为 0,无法继续下去

程序分析：

这个例题使用了 try…catch 语句。throw 语句独立存在于子函数中。由于异常的产生,使子函数没有执行。

cout<<"子函数返回"

【例 10-3】 能捕捉任何异常的 catch(…)语句的应用实例。代码如下：

```
1.    #include<iostream>
2.    int main()
3.    {int y=0;                   //有意让 y=0,实际上,y 的值是来自 cin>>语句或子函数
4.       try{                     //监控开始
5.          if(y==0)
6.          throw y;              //抛出异常
7.          cout<<3/y;            //不发生异常,则执行除法运算
8.       }
9.       catch(…)                 //catch(…)能捕捉任何异常
10.      {cout<<"异常发生";
11.      }
12.   }
```

运行结果:

异常发生

说明:若有多个 catch 语句,要把 catch(…)放在最后。

10.3　实例程序分析

【例 10-4】　求解三角形面积。

(1) 先考虑无异常处理情况。代码如下:

```
1.    double triangle(double a,double b,double c){
2.        double area;
3.        double s=(a+b+c)/2;
4.        area=sqrt(s*(s-a)*(s-b)*(s-c));
5.        return area;
6.    }
7.    int main(){
8.        double a,b,c;
9.        cin>>a>>b>>c;
10.       while(a>0 && b>0 && c>0){
11.           cout<<triangle(a,b,c)<<endl;
12.           cin>>a>>b>>c;
13.       }
14.       return 0;
15.   }
```

输入:

```
1 2 1
```

输出:

```
0
```

说明：没有检查三角形构成条件，因此程序并不完备。

（2）引入异常处理情况，代码如下：

```
1.    double triangle(double a,double b,double c){
2.        if ( a+b<=c || a+c<=b || c+b<=a )    throw   a;
3.        double s=(a+b+c)/2;
4.        return sqrt(s * (s-a) * (s-b) * (s-c));
5.    }
6.    int main(){
7.        double a,b,c;
8.        cin>>a>>b>>c;
9.        try{
10.           while(a>0 && b>0 && c>0){
11.               cout<<triangle(a,b,c);
12.               cin>>a>>b>>c;
13.               }
14.           }
15.       catch(double){
16.           cout<<"that's not a triangle."<<endl;
17.           }
18.   }
```

输入：

```
1 2 1
```

输出：

```
that's not a triangle.
```

程序分析：首先尝试，把可能出现异常的、需要检查的语句或程序放 try 后面的花括号中。

程序开始运行后，按正常的顺序执行到 try 块，开始执行 try 块中花括号内的语句。如果在执行 try 块内的语句过程中没有发生异常，则 catch 子句不起作用，流程转到 catch 子句后面的语句继续执行。

如果在执行 try 块内的语句（包括其所调用的函数）过程中发生异常，则 throw 运算符抛出一个异常信息。

throw 抛出异常信息后，流程立即离开本函数，转到其上一级的函数（main 函数）。

throw 抛出什么样的数据由程序设计者自定，可以是任何类型的数据。

这个异常信息提供给 try…catch 结构，系统会寻找与之匹配的 catch 子句。

在进行异常处理后，程序并不会自动终止，继续执行 catch 子句后面的语句。

由于 catch 子句是用来处理异常信息的，往往被称为 catch 异常处理块或 catch 异常处理器。

本 章 小 结

本章介绍了 C++ 编程的一个重要部分。

确保应用程序离开开发环境后依然稳定,有助于提高用户满意度,提高直观的用户体验,这正是异常处理的用武之地。

当发现分配资源或内存的代码可能失败后,就需要处理它们可能引发的异常。

(1) 异常表示程序在执行时发生的一些出乎意料的事件,打断了指令的正常流程。

(2) 异常处理机制能够使用户的软件在出现异常情况时,使程序能尽量正确运行,减少用户的损失,保证数据的安全。

(3) 异常处理是对能预料到的运行错误进行处理的一套实现机制。

(4) C++ 的异常处理机制,在格式上可以明显看出预先"埋伏"了用于处理出错的程序,从而尽可能地使程序员分清哪个部分是出错处理代码。

(5) try 语句在程序执行过程中,将会对出现的异常加以监视。

(6) 若没有异常发生,catch 语句将不会执行。

(7) 由 throw 语句抛出异常事件后,系统中止执行剩余的 try 语句,转到紧跟 try 语句之后的若干个 catch 语句中,根据每个 catch 的异常类型参数,依次寻找能处理该异常事件的 catch 语句。

(8) 若异常发生后,系统在所有 catch 语句中没有找到一个处理该异常的 catch 语句,则系统自动调用函数 abort(),中止整个程序的执行。

(9) 异常类型参数不能省略,适用于匹配 try 语句中所捕获的某个错误类型的参数。

(10) catch(…)可以处理任何异常类型。

习 题 10

1. C++ 中的异常处理机制意义,作用是什么?
2. 关于下面函数声明,叙述正确的是(　　　)。

```
float fun(int a,int b)throw
```

  A. 表明函数抛出 float 类型异常　　　　B. 表明函数抛出任何类型异常

  C. 表明函数不抛出任何类型异常　　　　D. 表明函数实际抛出的异常

3. 下列关于异常的叙述错误的是(　　　)。

  A. 编译错属于异常,可以抛出

  B. 运行错属于异常

  C. 硬件故障也可当异常抛出

  D. 只要是编程者认为是异常的都可当异常抛出

4. 写出程序运行结果:

```
#include<iostream >
using namespace std;
```

```
int a[10]={1,2, 3, 4, 5, 6, 7, 8, 9, 10};
int fun(int i);
void main()
{
    int i,s=0;
    for( i=0;i<=10;i++)
    {
        try
        {
            s=s+fun(i);
        }
        catch(int)
        {
        cout<<"数组下标越界！"<<endl;
        }
    }
    cout<<"s="<<s<<endl;
}
int fun(int i)
{   if(i>=10)
    throw i;
    return a[i];
}
```

5. 编程题：以 String 类为例，在 String 类的构造函数中使用 new 分配内存。如果操作不成功，则用 try 语句触发一个 char 类型异常，用 catch 语句捕获该异常。同时将异常处理机制与其他处理方式对内存分配失败这一异常进行处理对比，体会异常处理机制的优点。

参考文献

[1] 皮德常.面向对象 C++ 程序设计[M].北京：清华大学出版社，2017.

[2] JOHNSONBAUGH R.面向对象程序设计——C++ 语言描述[M].2 版.北京：机械工业出版社，2011.

[3] PRATA S.C++ Primer Plus[M].6 版.张海龙，袁国忠，译.北京：人民邮电出版社，2012.

[4] 明日科技.Visual C++ 从入门到精通[M].3 版.北京：清华大学出版社，2012.

[5] 李普曼，等.C++ Primer 中文版[M].5 版.北京：电子工业出版社，2013.

[6] 谭浩强.C++ 面向对象程序设计[M].2 版.北京：清华大学出版社，2014.

[7] 谭浩强.C++ 程序设计[M].3 版.北京：清华大学出版社，2015.

[8] SRTOUSTRUP B.C++ 程序设计：原理与实践(基础篇)[M].北京：机械工业出版社，2017.

[9] SRTOUSTRUP B.C++ 程序设计语言[M].北京：机械工业出版社，2010.

[10] 翁惠玉，俞勇.C++ 程序设计——思想与方法[M].3 版.北京：人民邮电出版社，2016.

[11] 池剑锋.C++ 入门很简单[M].北京：清华大学出版社，2014.

[12] 沈显君，杨进才，张勇.C++ 语言程序设计[M].3 版.北京：清华大学出版社，2015.

[13] 郭有强，梁伍七，杨军，等.C++ 程序设计[M].合肥：安徽大学出版社，2008.

附录 A 面向对象课程设计综合实例

针对面向对象程序设计课程,计算机相关类专业还可能会增加开设了面向对象课程设计综合实践类课程,以下列举 20 个综合设计实例以供参考。

(1) 消费卡支付管理系统;

(2) 驾校学员管理系统;

(3) 网吧上网管理系统;

(4) 超市管理系统;

(5) 网上购物管理系统;

(6) 校园一卡通管理系统;

(7) 家族族谱管理系统;

(8) 银行管理系统;

(9) 个人财务管理系统;

(10) 图书馆管理系统;

(11) 学生成绩管理系统;

(12) 药店进销存管理系统;

(13) 学生选课管理系统;

(14) 高校招生管理系统;

(15) 公交一卡通管理系统;

(16) 食品安全管理系统;

(17) 机场汽车出入管理系统;

(18) 个人电话簿管理系统;

(19) 建筑公司承包管理系统;

(20) 餐馆营业管理系统。